鸚鵡螺
數學叢書

數學

詩與美

Mathematics,
Poetry and Beauty

Ron Aharoni 著

蔡聰明 譯

三民書局

國家圖書館出版品預行編目資料

數學、詩與美 / Ron Aharoni著,蔡聰明譯.－－初版一
刷.－－臺北市: 三民, 2019
面; 公分.－－(鸚鵡螺數學叢書)

ISBN 978－957－14－6667－5 (平裝)

1.數學 2.通俗作品

310 108010595

© 數學、詩與美

著 作 人	Ron Aharoni
總 策 劃	蔡聰明
譯 者	蔡聰明
責任編輯	朱君偉
美術編輯	陳祖馨
發 行 人	劉振強
發 行 所	三民書局股份有限公司
	地址 臺北市復興北路386號
	電話 (02)25006600
	郵撥帳號 0009998－5
門 市 部	(復北店) 臺北市復興北路386號
	(重南店) 臺北市重慶南路一段61號
出版日期	初版一刷 2019年8月
編 號	S 318360

行政院新聞局登記證局版臺業字第○二○○號

ISBN 978－957－14－6667－5 (平裝)

http://www.sanmin.com.tw 三民網路書店
※本書如有缺頁、破損或裝訂錯誤,請寄回本公司更換。

鸚鵡螺數學叢書
總 序

本叢書是在三民書局董事長劉振強先生的授意下,由我主編,負責策劃、邀稿與審訂。誠摯邀請關心臺灣數學教育的寫作高手,加入行列,共襄盛舉。希望把它發展成為具有公信力、有魅力並且有口碑的數學叢書,叫做「鸚鵡螺數學叢書」。願為臺灣的數學教育略盡棉薄之力。

▍論題與題材

舉凡中小學的數學專題論述、教材與教法、數學科普、數學史、漢譯國外暢銷的數學普及書、數學小說,還有大學的數學論題:數學通識課的教材、微積分、線性代數、初等機率論、初等統計學、數學在物理學與生物學上的應用等等,皆在歡迎之列。在劉先生全力支持下,相信工作必然愉快並且富有意義。

我們深切體認到,數學知識累積了數千年,內容多樣且豐富,浩瀚如汪洋大海,數學通人已難尋覓,一般人更難以親近數學。因此每一代的人都必須從中選擇優秀的題材,重新書寫:注入新觀點、新意義、新連結。從舊典籍中發現新思潮,讓知識和智慧與時俱進,給數學賦予新生命。本叢書希望聚焦於當今臺灣的數學教育所產生的問題與困局,以幫助年輕學子的學習與教師的教學。

從中小學到大學的數學課程,被選擇來當教育的題材,幾乎都是很古老的數學。但是數學萬古常新,沒有新或舊的問題,只有寫得好或壞的問題。兩千多年前,古希臘所證得的畢氏定理,在今日多元的光照下只會更加輝煌、更寬廣與精深。自從古希臘的成功商人、第一位哲學家兼數學家泰利斯 (Thales) 首度提出兩個石破天驚的宣言:數

學要有證明，以及要用自然的原因來解釋自然現象（拋棄神話觀與超自然的原因）。從此，開啟了西方理性文明的發展，因而產生數學、科學、哲學與民主，幫忙人類從農業時代走到工業時代，以至今日的電腦資訊文明。這是人類從野蠻蒙昧走向文明開化的歷史。

古希臘的數學結晶於歐幾里德 13 冊的《原本》(*The Elements*)，包括平面幾何、數論與立體幾何，加上阿波羅紐斯 (Apollonius) 8 冊的《圓錐曲線論》，再加上阿基米德求面積、體積的偉大想法與巧妙計算，使得它幾乎悄悄地來到微積分的大門口。這些內容仍然是今日中學的數學題材。我們希望能夠學到大師的數學，也學到他們的高明觀點與思考方法。

目前中學的數學內容，除了上述題材之外，還有代數、解析幾何、向量幾何、排列與組合、最初步的機率與統計。對於這些題材，我們希望在本叢書都會有人寫專書來論述。

II 讀者對象

本叢書要提供豐富的、有趣的且有見解的數學好書，給小學生、中學生到大學生以及中學數學教師研讀。我們會把每一本書適用的讀者群，定位清楚。一般社會大眾也可以衡量自己的程度，選擇合適的書來閱讀。我們深信，**閱讀好書是提升與改變自己的絕佳方法**。

教科書有其客觀條件的侷限，不易寫得好，所以要有其它的數學讀物來補足。本叢書希望在寫作的自由度幾乎沒有限制之下，寫出各種層次的好書，讓想要進入數學的學子有好的道路可走。看看歐美日各國，無不有豐富的普通數學讀物可供選擇。這也是本叢書構想的發端之一。

學習的精華要義就是，儘早學會自己獨立學習與思考的能力。當這個能力建立後，學習才算是上軌道，步入坦途。可以隨時學習、終身學習，達到「真積力久則入」的境界。

我們要指出：學習數學沒有捷徑，必須要花時間與精力，用大腦思考才會有所斬獲。不勞而獲的事情，在數學中不曾發生。找一本好書，靜下心來研讀與思考，才是學習數學最平實的方法。

III 鸚鵡螺的意象

本叢書採用鸚鵡螺 (Nautilus) 貝殼的剖面所呈現出來的奇妙螺線 (spiral) 為標誌 (logo)，這是基於數學史上我喜愛的一個數學典故，也是我對本叢書的期許。

 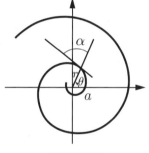

鸚鵡螺貝殼的剖面　　　　　　等角螺線

鸚鵡螺貝殼的螺線相當迷人，它是等角的，即向徑與螺線的交角 α 恆為不變的常數 ($\alpha \neq 0°$, $90°$)，從而可以求出它的極坐標方程式為 $r = ae^{\theta\cot\alpha}$，所以它叫做指數螺線或等角螺線，也叫做對數螺線，因為取對數之後就變成阿基米德螺線。這條曲線具有許多美妙的數學性質，例如自我形似 (self-similar)、生物成長的模式、飛蛾撲火的路徑、黃

金分割以及費氏數列 (Fibonacci sequence) 等等都具有密切的關係，結合著數與形、代數與幾何、藝術與美學、建築與音樂，讓瑞士數學家柏努利 (Bernoulli) 著迷，要求把它刻在他的基碑上，並且刻上一句拉丁文：

Eadem Mutata Resurgo

此句的英譯為：

Though changed, I arise again the same.

意指「雖然變化多端，但是我仍舊照樣升起」。這蘊含有「變化中的不變」之意，象徵規律、真與美。

鸚鵡螺來自海洋，海浪永不止息地拍打著海岸，啟示著恆心與毅力之重要。最後，期盼本叢書如鸚鵡螺之「歷劫不變」，在變化中照樣升起，帶給你啟發的時光。

2012 歲末

數學、詩與美

《鸚鵡螺數學叢書》總序

CONTENTS

第 III 篇：知覺的兩個層面

附錄 A：數學領域

附錄 B：數的集合

附錄 C：本書提到的詩的機制

導論：魔法

若一位數學家不具有幾分詩人的氣質，
那他就永遠成不了一個完整的數學家。

A mathematician who is not also something of
a poet will never be a complete mathematician.

德國數學家魏爾斯特拉斯 (Karl Weierstrass,
1815–1897) (©Wikimedia)

1 數學與詩

詩是想像力的表白。詩把多樣的東西調和在一起，
而不是透過分析帶來分離。
英國詩人雪萊 (Percy Bysshe Shelley, 1792–1822)《詩的辯護》

數學關注在理解事物的「異中之同」與「同中之異」。
英國數學家 James Joseph Sylvester (1814–1897)

數學發明的動力不是推理而是想像力。
英國數學家 Augustus De Morgan (1806–1871)

德國偉大數學家希爾伯特 (David Hilbert, 1862–1943) 注意到一位學生沒來上課。當他問原因時，班上學生告訴他，這位同學放棄數學而轉行去當詩人了。希爾伯特回應說：「嗯，這樣哦，我總覺得他對數學沒有足夠的想像力。」

希爾伯特對詩人的嘲諷要打折扣來聽，畢竟他對於物理學家的觀感也沒好到哪裡去。他曾經公開說：「物理學對於物理學家來說太困難了。」但是，他並不是唯一一個比較數學家與詩人的人，而且他也偏袒數學家。舉例來說，伏爾泰 (Voltaire) 曾說過：「阿基米德頭腦中的想像力遠超過荷馬。」 這句話即使詩人也認同。 美國女詩人米蕾 (Edna St. Vincent Millay) 曾在自己的一首詩裡寫道：「只有歐幾里德見過赤裸裸的美。」

❧ 譯者註 ❧

荷馬 (Homer) 是古希臘偉大的吟遊盲詩人，著有《伊利亞德》與《奧德賽》兩部偉大的史詩。

這裡出現了一個謎題。嚴謹與抽象的數學世界如何能夠類比於藝術呢？幾何學與音樂，或者算術與詩，有什麼共通之處呢？其中有一個答案是數學和詩都在尋找隱藏的模式 (hidden patterns)。

> 這是一首關於人們的詩；
> 他們的所思與他們的所要
> 還有他們認為的他們的所要。
> 除此之外，世界上沒有很多事情
> 是我們應該要關切的。
>
> Nathan Zach, "Intro to a Poem," from *Other Poems*

一首詩訴說著我們心靈真正想要的東西。詩之於人類的情感和渴望，就如同數學之於物質世界的**秩序** (order)，它們都是要尋找**事物內在的邏輯**。

但這還不是一個完整的答案。所有的科學，不論是精確科學與否，都在尋找現象背後隱藏的規律。是什麼東西使得數學更像詩而不像其它的科學呢？另外，兩者還有一個更突出的共同特徵：那就是美。這讓我們感覺數學跟詩更接近。沒有其它科學像數學那樣實用，人類的日常生活是如此依賴於科學的進展，而科學的進展又明確地受到數學的影響。然而，對於職業數學家與業餘愛好者來說，實用性並不是數學真正吸引人的祕密。大多數人從事數學探索是基於完全不同的理由，

那就是：數學的審美價值。

在本書中，我要追尋詩與數學共同的特徵與運作機制，以便看出它們共通的美。為此，我不得不要觸及最難以捉摸的一個哲學問題——什麼是美？比較這兩個領域所得到的獨特透視，也許可以提供一條線索。詩與數學的距離這麼遙遠，縮小討論的範圍才是尋求答案之道。聚焦於這兩個領域的交集，其範圍遠小於分開來討論。兩個領域重疊的部分越小，代表我們要尋求的分母面積越小。

如我已經說過的，答案不可能是簡單的，但是有一個詞足以捕捉它的本質：魔法 (magic)。詩與數學的美感皆來自於如魔術般地把真正發生的事情隱藏起來。我們舉美國女詩人艾米莉 (Emily Dickinson, 1830–1886) 所寫的一首詩《時間與不朽》來說明「詩的魔法」：

> 漂流！一艘小船漂流著！
> 夜幕低垂！
> 會有誰為它領路
> 到達最近的小鎮？
>
> 所以船夫們說，昨天，
> 傍晚如此昏暗，
> 小船放棄了爭吵，
> 汩汩流水聲一直往下流。
>
> 於是天使們說，昨天，
> 破曉如此光明。
> 在一艘小船上，乘著風浪
> 豎直船桅，揚起船帆
> 航向歡樂！

　　讓這首詩如此地具有魔力就是真誠。透過它，艾米莉以在現實生活中甚至不敢夢想要去做的方式，把她自己裸露。「漂流」，「放棄了爭吵」，「小」，「乘著風浪」——用這些詞句盡可能簡潔地描述她的人生，但她或許不會大聲地對自己說這些詞句。藉著隱喻，讓她鼓起勇氣把這些訊息都表達出來，並且從潛意識的層面傳達給讀者，其效果是知曉而又不確定知曉。這首詩告訴我們某些深層的東西，但我們沒有完全察覺到它的意義。這首詩如一個扒手，但他並不是偷東西，而是在我們沒有注意的情況下，把東西偷偷塞進我們的口袋裡。

　　揭露隱藏的真相，其威力同樣是強大的。「詩總是在尋找真理」，這是作家卡夫卡 (Franz Kafka, 1883–1924) 說的話，以後我們還會再回到它。詩所告訴我們的表面東西只是實相的一小部分，內在蘊含的力量才更重要。在小船下方洶湧的暴風雨，顯示這是非常勇敢的一條小船；儘管它看起來即將沉沒，但它仍會張開船帆並且勇敢向前航行。艾米莉的人生能被描繪的比這更美麗嗎？

艾米莉 (©Wikimedia)

　　所以，這本書是關於詩和數學的魔法，以及兩者之間的緊密關係。

我們把它分成三個部分：第 I 部分是關於**秩序** (order)。我們將在數學與詩兩個領域中挖掘隱藏的模式 (hidden patterns)。第 II 部分探討兩個領域中的**共同技法** (common techniques)。最後，第 III 部分是對於美的**概念**作出結論。

　　首先，我想要一窺即將要發生的事情，接下來我要描述一手巧妙好牌的打法。

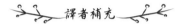

譯者補充

欣賞艾米莉的另一首詩：

> 暴風雨夜，暴風雨夜
> 如果我能和你在一起
> 暴風雨夜必是
> 奢華的喜悅
>
> 狂風，不能傷
> 我心，在港內
> 羅盤，無需
> 海圖，不必
>
> 泛舟在伊甸園
> 啊，我的海洋
> 今夜我只求能停泊在
> 你的港灣

《暴風雨夜》

2 轉移作用

我想要討論的機制對於詩與數學都共通。它幾乎出現在人類思想的每一個領域。「轉移作用」 (displacement) 是佛洛伊德 (Sigmund Freud, 1856–1939) 所引進的字眼,這是他研究夢時發現的。用戲劇來說,就是將注意力從中心人物轉移到邊緣人物。戲劇的主角退到舞臺的模糊邊緣,而聚光燈聚焦在一個較不重要人物的身上。因此,即使主要想法被偶然提出來,也好像是漫不經心。佛洛伊德聲稱,在夢裡這樣做的目的是要掩蓋一些被禁止的東西,讓信息失去對禁忌的注意力。他又說,這是所有夢的解析技巧之目標,應用於數學和詩的效果同樣是美妙的。這是魔術的詭計,魔術師告訴觀眾說「看我的右手在做什麼」,但他卻在執行左手的伎倆。

　　我們舉以色列女詩人 Lea Goldberg (1911–1970) 的一首詩《關於我自己》當作例子。這是一首「詩藝之詩」(ars poetic poem) ("ars" 是拉丁文的「藝術」),它的標題表示這是關於作者的詩。Goldberg 考察她的詩與她的生活之間的關聯,並且得出一個痛苦的結論。

> [...]
> 我的意像是
> 透明如教堂的窗戶
> 透過它們
> 有人能看見
> 天空的光線如何變化
> 以及我的愛如何
> 墜落
> 像垂死的鳥。
>
> Lea Goldberg, "About Myself," Lea Goldberg:
> 詩與戲劇選集
> Rachel Tzvia Back 翻譯

　　這首詩最明顯的策略是隱喻。事實上，它是二階的隱喻，是隱喻中的隱喻。詩對比於意像，而意像又對比於教堂的窗戶。但是這首詩的核心在於最後三行，女詩人真誠訴說她的愛情痛苦。她透露：我活在我的詩中，事實上，我的愛已經死了——這是陪伴在 Goldberg 生命中的一個怨言。此外，她暗示愛與詩是有聯繫的，愛因詩而死。這些鳥兒是不是撞上了窗戶？

　　然而，真誠本身並不能帶來美。如果訊息直接呈現，那麼這首詩就不會如此動人。最後一行穿透了我們的盔甲，給肚子一個重擊，主要是因為我們沒有準備好。這首詩偶然地實現了這一點，是對這個訊息的無心敘述。鳥與愛彷彿是為了說明窗戶的透明度。死掉的愛只是轉移成用別的東西來呈現。這就是轉移作用。

　　轉移作用就像所有強烈情感的偶然交流，具有很大的力量。讀者彷彿被一片羽毛刷了一下，但不確定是否有觸及，而讓人顫抖，每一首好詩都應該如此。

Lea Goldberg 出生在立陶宛的考夫諾，在 1935 年移民到以色列。(©Wikimedia)

當一條直線遇到一個多邊形時

在數學與一般科學中，觀點的改變往往是解決問題的關鍵。這裡轉移的角色跟詩裡不同。這並不是要掩蓋訊息，而是要對事物投下新的眼光。然而，美感的產生方式是相同的。此中的祕密在數學和詩中都沒有完全被理解。事情發生得太快，想法是如此的新奇，以至於從一開始就沒有被有意識地吸收。

　　這裡有個例子，觀察下圖的六角形。它不是凸的，也就是說它有內凹。在圖中，我們看到有一條直線穿過所有的六個邊。

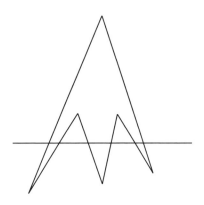

六個邊的多邊形（六邊形），直線與所有的邊都相交。那麼你能否作出具有七個邊的多邊形（即七邊形），並且作出一直線與所有的邊都相交？

　　當一位數學家要求你去完成一項任務時，他有可能是在拉住你的腿，因為這項任務可能是無法完成的。如果你去嘗試（我建議你實際動手去感受），你很快就會意識到它無法完成。為什麼呢？看出這一點的方法是改變觀點。這個問題有兩個思考方向：從一個多邊形開始，要作一條直線通過所有的邊。反過來，從一條直線開始，嘗試去作出這個多邊形。

　　在提出解答之前，讓我闡明它所根據的原則。它叫做「穿過河流的原則」。穿過一條河流偶數次會將你帶回原來的岸邊，穿過奇數次會將你帶到另一岸邊。

　　根據這個原則，我可以知道，例如，我通過辦公室的門是偶數次或奇數次（我的辦公室位於六樓，當然我不能由窗戶進出）。我不知道

這個數是多少，但我確信它是偶數：因為當我每次進入時，我也要出去（這些直線就寫在辦公室外面）。這個原理可能很簡單，它卻是許多深刻數學定理的核心。

現在讓我們畫出一直線（下圖的虛線，看作河流），然後嘗試做出七邊形。讓我們從 Q 點開始，沿著虛線的兩側進行。我們穿過直線有多少次？當然是 7 次，因為 7 邊中的每一邊都是直線。由於 7 是奇數，根據穿過河流的原則，七邊形必須在直線的另一側結束，而不是在它開始的這一側。也就是說，它的結束在 Q 點的對岸。但是要求七邊形是封閉的，它應該回到 Q 點結束。這是一個矛盾，表示七邊形的每一邊都與直線相交是不可能的。

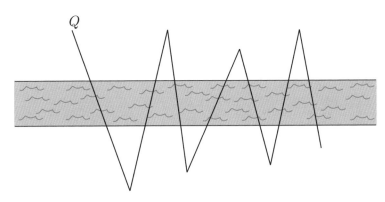

經過七次穿過後，我們在河的另一邊。這個多邊形是未封閉的。

在單淘汰賽中總共比賽多少場？

在單淘汰的球賽中（例如網球賽），將選手配對比賽，輸者淘汰，贏者進級到下一輪，直到總冠軍出現為止。

問題：假設有 16 名選手參加比賽，問總共比賽幾場？

　　在第一輪中，16 位選手組成 8 對，所以有 8 場比賽，8 名獲勝球員進入第二輪。然後這 8 名選手組成 4 對，並且將進行 4 場的比賽。在第三輪比賽中，將會有 2 場比賽，而在第四輪比賽中，只有 1 場比賽，冠軍就出現了。因此，比賽的總場數是 $8 + 4 + 2 + 1 = 15$。

　　數字 16 是 2 的冪次方，它是 2^4，即 $2 \times 2 \times 2 \times 2$。因此，在每一輪中所有的選手都可以配對。但是選手的人數也可以不是 2 的冪次方。這種情況下，在某些輪中會有奇數個選手，有一個會落單。當發生這種情況時，選出一個選手不必參加這一輪的比賽而自動進到下一輪，而將其餘偶數個選手配對比賽。那麼，請問總共要舉辦幾場比賽？

　　數學家與詩人共享的祕密是，思考具體的特例。數學家還知道這個例子越簡單越好。這裡最簡單的例子是只有 1 位選手參與比賽。在這種情況下，比賽的場數是 0。其次一個簡單的例子是，有 2 位選手參賽，只比賽 1 場就完畢。當選手是 3 位時，共舉行 2 場比賽：第一輪 2 位選手比賽 1 場，1 位落單；第二輪是第一輪的贏家與落單者比賽 1 場。現在讓我們回到 10 位選手的比賽。在下圖中，我們列出所有可能的比賽過程。在第一輪的比賽中，進行了 5 場比賽；第二輪則是 2 場比賽，1 位落單者自動進級；第三輪則是 1 場比賽；並在第四輪只有 1 場比賽。總共比賽 $5 + 2 + 1 + 1 = 9$ 場。

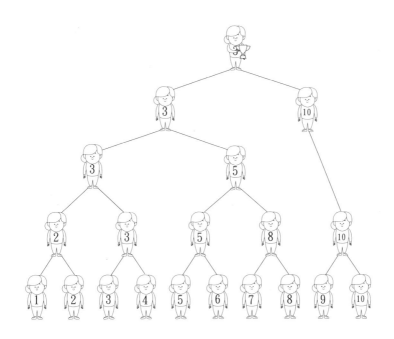

　　這種情形並不難，但是對於 1,000 位選手的情形，計算就會很煩。有更容易的解法嗎？注意到在我們所遇到的所有情況，比賽的總場數等於選手的人數，減去 1。這是巧合嗎？幾乎可以肯定不是。但這可能是一個規則：**比賽的總場數是選手的人數減去 1**。

　　一個好的猜測是必要的，但它需要證明。這裡的證明是透過改變觀點來完成。不要看贏者，而要改看輸者。當有 1,000 位選手時，被淘汰者有 999 位，每一位都輸一次，輸一次就是比賽一場。因此，總共比賽 999 = 1000 − 1 場。

　　解決問題的方法給我們留下一種美感。它是經濟的，即節省了工作量。它很簡潔，有魔力，就像一首好詩。事情發生得很快，太快了，我們無法在第一時間遇到時就充分理解 。 就像 Lea Goldberg 的詩一

般，這個訊息在我們的鼻子下滑過去，而我們的注意力卻被吸引到別的東西上面。以這個例子來看，美感就誕生在無意識地掌握一個概念。當我們收到強烈的訊息時，無論是感性的或理性的，我們都會體驗到美，而且只能透過潛意識來理解它。

第 I 篇
秩序

上帝是一位非常高超的數學家。

英國物理學家詹姆斯金斯

詹姆斯金斯 (James Jeans, 1877–1946)
(©Wikimedia)

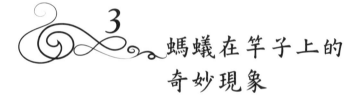

3 螞蟻在竿子上的
奇妙現象

如果我只言於我知識之所及，
我的世界將會如螞蟻般狹隘。

以色列女詩人瑞秋 (Rachel Bluwstein, 1890–1931)

在一根長為 1 公尺的竿子上有若干隻螞蟻，這些螞蟻會走動——有些向右走，其餘的則向左走，但是移動的速率都相同，每分鐘 1 公尺。這根竿子的直徑很小，一次只能容納一隻螞蟻通過，當有兩隻螞蟻相遇時，便無法繼續移動，接著就會如同兩顆撞球撞在一起，牠們會各自回轉並且繼續以原來的等速率前進。（回轉不計時間）

當兩隻螞蟻相遇（見左圖），牠們就都改變方向（見右圖）。

每當一隻螞蟻到達了竿端，它就會從竿子上掉下去並且永遠消失。

問題： 所有的螞蟻最後都會掉落竿子嗎？如果會，那要花費多少時間？

憑第一眼的感覺，答案似乎跟初始狀態，即螞蟻的數量和開始的位置有關。如果有很多隻的螞蟻，那麼全部掉落竿子的時間或許會很長。然而我們要怎麼檢驗這個猜測呢？我已經準備好告訴你數學的第

一個祕密：研究例子。數學的思考是在例子和抽象之間的一場比賽，而這兩者之間的不同就是依照實際的事物去解題會比較容易，也就是說例子可以被謹慎地用來幫助解題。因為這個理由，所以我們應該從舉例開始。舉例的另一個理由，當然就是例子是作抽象化的原料。

就以螞蟻的例子來說，最簡單就是考慮一隻螞蟻的情況，如果這隻螞蟻從竿子的一端走到另一端，那麼 1 分鐘後牠就會掉落竿子。可是在其他情況，螞蟻卻也在 1 分鐘內從竿子上掉下去。然而我們仍然沒有真正接觸到問題的核心：有碰撞的情形。所以讓我們來看看兩隻螞蟻的例子，牠們分別位於竿子的兩端並朝著對方前進。

在半分鐘後，牠們會在竿子的中點相遇，接著轉向，然後在下一個半分鐘後掉落竿子，所以兩隻螞蟻都會在 1 分鐘後掉落竿子。

下一個例子比較不明顯。我們想像有一隻螞蟻從竿子右端開始前進，另外一隻在中間，而且牠們朝著對方前進。

這兩隻螞蟻在 15 秒之後就會在距離右端 $\frac{1}{4}$ 公尺處相遇，牠們轉向後，在左方的螞蟻會較晚掉落，也就是 45 秒後，而最後總共過了 1 分鐘，兩隻螞蟻都會掉落。

從這個例子開始看出一些奇怪的地方。在這三個例子中，所有的螞蟻都在 1 分鐘以內掉落。讓我們將複雜度升高一級，考慮三隻螞蟻

的情況。假設螞蟻 A 在左端向右走，螞蟻 B 在中間向右走，而螞蟻 C 在右邊向左走。

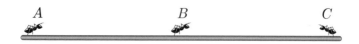

經過 $\frac{1}{4}$ 分鐘之後，我們會看見下圖：

螞蟻 B 和螞蟻 C 在距右端 25 公分處相遇，在這次碰撞後，螞蟻 A 和 B 將會朝著對方走去並在下一個 15 秒過後在中間相遇，牠們轉向後會在下一個 30 秒後都掉落竿子，而螞蟻 C 早就從右端掉落了，於是，我們又得到總共費了 1 分鐘的時間所有螞蟻都掉落。

這個情況真的是很詭異，在所有的例子中，全部的螞蟻都在 1 分鐘內掉落，這個結果難道永遠正確嗎？答案是「對的」，而且證明很簡單。也就是說如果你有正確的觀察角度，它可能看起來很奇怪，這種視角不是要你增加資訊，而是要你忽略資訊：忽略螞蟻的身分。如果我們不要注意哪隻螞蟻是誰，那麼在兩隻螞蟻相遇時會發生什麼事情？實際上，什麼事都不會發生，在牠們相遇之前，其中一隻螞蟻向左前進，另一隻向右，在相遇之後，一樣的事情仍然發生：跟前面一樣，一隻螞蟻向左等速率前進，另一隻向右，但是對於我們的目的而言，哪隻螞蟻往哪個方向根本是無關緊要。

因此我們可以合理的說，根本沒有任何碰撞發生，碰撞只是在那裡擾亂我們，而這個問題完全相同於：螞蟻用每分鐘 1 公尺的速率，沿著 1 公尺長的竿子前進，沒有碰撞且不會改變方向，牠們全部從竿子上落下會花多久的時間？這一點都不神祕，所有的螞蟻必定會在 1 分鐘內掉落。

數學家是一群幸運的人，他們拿了政府的錢去作思考的遊戲，當我們考慮到數十億的錢被投資在數學研究和教育上時，期待他們會忙於實施計畫。實際上，允許大部分的數學家縱情於這種問題。為什麼呢？因為謎題不實際的外表只是一種誤導，事實上這是一個很好的例子，具有學問的基本訓練，那就是：抽象化 (abstraction)。問題中的螞蟻是數學的：真的螞蟻不會等速率前進，也不會遵守一樣的規則。數學是根據定義而去進行有系統的研究，而抽象化的好處在解題上是顯而易見的，它去除了不必要的細節，只保留本質的東西。

忽略不相干的事物，就像螞蟻問題，是數學思考的特性。數學讓抽象化到達極限。它像是一棵看起來很複雜的樹，拔掉它的葉，就現出樹幹。例如，讓我們來考慮數的概念。發明數「4」的人，在算術規則之下，當然理解 4 顆石頭或 4 枝鉛筆，不論它們是什麼顏色或如何排列，都是不相干的。4 顆石頭加 3 顆石頭等於 7 顆石頭，就像是 4 枝鉛筆加 3 枝鉛筆等於 7 枝鉛筆，因此我們可以抽象地說「$4 + 3 = 7$」。抽象是一種推廣，而它可以節省力氣，我們從石頭發現的規則可以有效地應用到所有的事物、所有的時間。數學家波里亞 (George Pólya, 1887–1985) 說：「數學是懶惰的，它就是讓規則為你服務」。在這方面，螞蟻問題非常實用，直白地說：它對於任何事物都沒有用，因為現實世界中沒有螞蟻會像問題裡的情況一樣，但是它教導解題者用抽

象的方式去思考與解決問題。

　　這個問題甚至可能是為了模擬真實世界的現象而發明的。一束光波（孤立子 solitons）與螞蟻問題一樣，在互相碰撞中以互相穿過的方式而抓住本質，從而得到解答。

4 隱藏的秩序

大自然從不白費功夫,如果少就夠,則多就是徒勞;
因為大自然崇尚簡潔。

牛頓

牛頓 (Isaac Newton, 1642–1727) 是英國的數學家與物理
學家。在 1666 年,他奇蹟般地逃離了瘟疫,回到他出生的
村莊,在某個夏天發展了重力理論、許多現代光學的原理,
還有微積分。他的餘生都花在爭論發現的優先問題(特別
是跟萊布尼茲爭微積分的發現權),研究煉金術,還有擔任
英國皇家鑄幣廠的廠長。(©Wikimedia)

概念的威力

一個好的概念就好像是黑夜的森林中驀然亮起的明徑。幾分鐘前,這灌木叢似乎看不穿也摸不透,但這時一條道路顯現出來,為你敞開。一位英國數學家懷爾斯 (Andrew Wiles, 1953–) 用另一種的比擬解決十分有名的「費馬猜測」(費馬最後定理)。好的思路就像一盞明燈,讓你在漆黑的城堡中找到正確的道路。當你點起了明燈,你將會發現你身處神祕的房間。在下一個房間,你必須尋找著另一個能點燃明燈的聖火。

　　這裡有個經典的例子,由英國哲學家與數學家 Max Black 在 1946 年提出的一個問題。取 8×8 的一塊板子,由 64 個正方形拼成,現在拿走右上角與左下角各一個小方塊,如下圖:

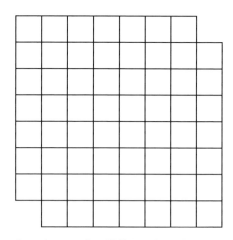

你可以用 31 塊骨牌蓋住全部的方格嗎?

你有 31 塊 2×1 的骨牌，每一塊可以覆蓋板子上的兩個相鄰的小方格，總共可以覆蓋 62 個方格，恰好上圖的鋸齒狀板子也是 62 格，那麼這個板子能夠被這些骨牌完全覆蓋嗎？

你也許已經猜到了第一步：先從特例開始，思考非常小的板子。第一個例子就是一個 2×2 的板子。在去掉右上角與左下角兩個小正方形後，就會得到：

顯然，這形狀不可能被一個骨牌所覆蓋。現在換 4×4 的板子（我們跳過了 3×3 的例子是因為它有 9 個小方格，扣掉對角的兩個後剩下 7 個，而 7 是一個奇數。奇數個方格無法在不重疊的情況下被骨牌覆蓋，因為一個骨牌有兩個小方格。）稍做一下實驗就會說服你，這是不可能的。

在 2×2 和 4×4 的例子中可以很輕易的試遍所有的可能性；但如果是 8×8 的板子，這種方法就顯得不切實際，因為可能性有太多了。我們需要一個方法來有效解決這個問題。思路的重點在於把所有小方格塗成黑與白兩色。

經過這樣的處理，事情就定位了。31 塊骨牌中每一片都必須蓋住一個黑色格子和一個白色格子，當我們從板子上移走的都是白色方格時，會剩下 32 個黑格子，但卻只剩 30 個白格子，在這樣的情況下，它無法被 31 塊骨牌完全覆蓋，因為如果要完全覆蓋必須剩下 31 個黑格子和 31 個白格子。

西洋棋棋盤的著色說明了一個隱藏的規律，就算不知道它是從哪裡來的，藉由一些小魔法可以使事情變得簡單而清晰。

巧克力問題

這是另一個例子可以用來見證概念的威力。有一片巧克力，長 5 格，寬 4 格。我們要將這 20 小塊的巧克力分給 20 個小朋友，所以我們要按照巧克力上的格線來把它分成 20 小塊。規則是：拿起任何一片巧克力，每一步只能按照它的格線分割開來。我們應該使用哪種方法，使得分割的次數為最少呢？

按照慣例，先考慮簡單的情況，也就是說，考慮小一點的尺寸。舉例來說，將一片 3×1 的巧克力分給 3 個小朋友。這種情況下我們沒有任何選擇：2 次的分割是必要的。讓我們繼續往下一個大一點的尺寸前進：一片 3×2 的巧克力，應該分給 6 個小朋友。其中一個方法是一次將巧克力分成 2 列 3 格的長條，接下來，我們各需要 2 次分割去分開那 2 列巧克力，總共是 5 次的分割。

橫向分割成兩條 3 格長的巧克力，總共需要 5 次的分割。

另一種方法應該是將巧克力分成 3 行 2 格的短條，共需分割 2 次。而每一行再各分割一次，共需分割 2+3 次。使用這樣的方法，我們共需分割 5 次。

縱向分割成三條 2 格長的巧克力，總共需要 5 次的分割。

不同的分割法最終都會導致相同的結果：n 片的巧克力片要分成 n 小塊，需要分割 $n-1$ 次。也就是說，減少分割次數的策略是無效的。我們沒辦法以少於 $n-1$ 或大於 $n-1$ 的次數，將巧克力全部分成小塊。為什麼呢？在這裡，正確的概念會再次讓事情變得簡單：從每一次分割所得到的塊數這個想法切入。從一開始只有 1 片巧克力。接

下來每次的分割都會把 1 片巧克力分成 2 塊，因此每次都會增加 1 塊。步驟進行到最後時，就會有 n 小塊巧克力。為了要從 1 片巧克力，最終變成 n 小塊，我們需要分割 $n-1$ 次。

當我們發現正確的概念時，我們就能進行推廣了。它透露出，按照巧克力片上的格線進行分割的規定是不相干的。只要每次分割都能確保將一片分割成兩塊，我們就能依照我們想要的任何方式來分割，都會得到相同的答案。

5 發現或發明

柏拉圖主義

> 不要老是在那裡抱怨世界虧欠你的生活;世界不虧欠你什麼;
> 它老早就在這裡。
>
> 美國作家與幽默家馬克吐溫 (Mark Twain, 1835–1910)

一個標準的物理系既有理論家也有實驗家。實驗被認為是理論的原始材料。在數學系裡很難找到實驗主義者（令人驚訝的是,也有例外:在加拿大有一所領頭的大學,有一段時間擁有一個數學實驗室）。數學家不需要實驗室。他們在辦公室裡,用黑板或紙張進行工作,他們所需要的只是頭腦與心靈。在這方面只有哲學家能超越他們。

一位大學校長參訪數學系。

他告訴全系的人:「你知道,在所有教授中我最喜歡數學家,因為他們的工作只需要紙張、筆和廢紙簍。」他沉思著,然後又說:「哲學家更厲害,他們甚至連廢紙簍都不需要。」

科學家研究這個世界。數學家研究什麼呢?他們所研究的東西,存在於這個世界上或只是他們狂熱頭腦的產物?總之,**數學家的工作到底是發現或發明?**數學是發現世界上既存的秩序或創造秩序?數學家建造新的事物,比如蓋一棟房子,或是發現已經存在的東西,像哥

倫布發現美洲大陸？例如「偶數」的概念，它是外在世界的一部分，或是只存在於思想家的頭腦中？

這些都是數學家們熱烈爭辯的論題。將數學研究的對象視為跟椅子與桌子同樣真實，這種觀點叫做「柏拉圖主義 (Platonism)」(順便一提，原始的柏拉圖主義更為極端，認為桌子的概念比桌子實體本身更真實)。通常以為，柏拉圖主義者與反柏拉圖主義者之間存在著激烈爭吵，實際情況並非如此。20 世紀的美國數學家 Ralph Boas 斷言他從未見過一位不是柏拉圖主義者的數學家。幾乎所有的數學家都相信他們研究的對象是實在的。數、幾何圖形、函數、偶數，這些都是現實世界的一部分。數學是發現，而不是發明 (註：當然也有站在反方的人)。數學揭開世界上既存的秩序。一個概念只不過是現實世界中的一個模式，呈現在大腦中的意象。數學家比較偏向於攝影師而不是雕塑家。

等差數列的和

下面是一位 7 歲學生發現秩序的故事，這是數學史上最著名的故事之一，主角是高斯 (Carl Friedrich Gauss, 1777–1855)。有人說，高斯是 19 世紀最偉大的數學家。高斯的父親是一位磚瓦匠，當高斯 3 歲時，他就糾正過父親的計算錯誤。當他 7 歲時，他的級任教師想要多休息一會兒，所以出一個難題給學生做：計算從 1 加到 100 的總和。令教師驚訝的是，高斯經過短短幾分鐘就帶著正確的答案 5050 來到他的身邊。

小高斯是如何算出來的呢？他透過觀察找尋規律。在和式 $1+2+3+\cdots+98+99+100$ 中，他將 1 與 100 匹配，2 與 99 匹配，3

與 98 匹配，依此類推。每一對的和都是 101。因為總共有 50 對，所以總和是 50 的 101 倍，即 5,050。

因為 100 是偶數，所以 1 到 100 之間的數可以配對成雙。如何求從 1 加到 1,001 之和？其中有一招是在開始時加個 0。當然，這並不會改變總和，現在這些數是成對的：0 與 1,001，1 與 1,000，依此類推。在加入 0 之後，共有 501 對，每一對加起來是 1,001，所以總和為 $501 \times 1001 = 501501$。另一種方法，也許是最直接：考慮數列 1, 2, …, 1001 的中間數，即平均值，它是 501。1,001 個數的總和就是平均值乘以 1001，仍然得到 501×1001。

這是高斯的發明或發現？顯然是發現。事實上，他並不是第一個發現的人。在他之前已有人發現，他只是重新發現。數學的想法就在那裡，等待人來發現。如果一個數學家錯過了這個想法，另一個人會找到它。在我看來，這就是為什麼舒伯特（Franz Schubert, 1797–1828，31 歲）悲劇性地死亡對於人類來說是一個更大的損失，甚至比在 19 世紀初幾乎同時代的法國數學天才伽羅瓦（Evariste Galois, 1811–1831，20 歲）在更年輕時死亡更為嚴重。伽羅瓦所做的發現，如果他沒有發現，而且他活到了老年，他一定還是會看得到結果，因為別人必然會發現，但是隨著舒伯特的去世，我們失去了無法想像的美麗寶藏。

德國數學家高斯是 19 世紀最偉大的數學家。他在複數理論、數論和近世代數的領域都做出了重要的貢獻。他跟物理學家 Wilhelm Eduard Weber 共同製造了第一臺電報機。他晚年任職於哥廷根的天文臺。並且出版品很少,傳記作者 Eric Bell 估計,如果他在一生中就把所有的發現都發表出來,數學將會更進步 50 年。(©Wikimedia)

詩是發明或發現?

那麼詩歌呢?它到底是存在於世界上,還是在詩人的心中?我們會認為答案很明白:顯然詩歌是發明的。但是請聽一位數學家(兼詩人)對此的看法。蘇非亞 (Sofia Kovalevskaya, 1850–1891) 是魏爾斯特拉斯的學生,她是 19 世紀末期重要的數學家之一。她在一封信中提到魏爾斯特拉斯關於一位真正的數學家必須具有詩人氣質的說法:

> 為了理解這一點,我們必須放棄古人的偏見,
> 詩人必須發明一些不存在的東西,這時想像力
> 和發明是同一件事 […]。詩人必須看見別人看
> 不見的東西,並且必須看得比別人更深遠。

　　她的話切中真實。正如我們已經提到過的，詩人跟數學家一樣，是追尋隱藏模式的獵人。一個目標的隱喻揭開了外在事物的類似性，而目標在先前已經存在。詩人 Yehuda Amichai 寫道：

> 細心的天使在命運中編織命運，
> 他們的手不搖晃，沒有東西掉落或丟失。
>
> Yehuda Amichai，《二十首新魯拜》的詩歌

他表達了一個存在的真理：我們的命運不在我們手中，而貫穿命運的繩索才是主宰；有股力量在指揮著它，就像裁縫師在指揮著紗線。這很漂亮，不是因為它是一項發明，主要是因為它是真實的。正如卡夫卡宣稱的，詩歌總是在尋找真相。

譯者補充

1. 富蘭克林「發明」了避雷針。
2. 哥倫布「發現」了美洲。
3. 有位小孩說：爸爸「發現」了媽媽，然後「發明」了我。

6 秩序與美

節省能量

當所有事物都處在適當的位置時,我們就說:「所有事物都美好地運作著。」為什麼?認知到秩序是有用的,這樣能夠省下應付世界的精力。但是這樣為什麼會產生美感的樂趣呢?

為了回答這個問題,首先我們必須認識到秩序不僅僅只是秩序而已,秩序本身不一定是美麗的。沒有比一張空白紙張更有秩序,任何聲音的組合也沒有比絕對的寂靜更有秩序。儘管如此,一張白紙並不是一件藝術作品,寂靜無聲也無法擁有莫札特 (Mozart) 交響曲的美麗。一個單調序列的節拍是有秩序的並且可預測的,但它無法構成音樂。為了創造出美的感覺,我們需要某些超越秩序的東西。

祕密就藏在 19 世紀後半葉提出的一個概念:**節省心理的能量**。當時在英國發生的工業革命,導致一個概念的誕生:機器不僅能取代勞力,而且還可以取代勞心。這促使英國數學家兼發明家 Charles Babbage (1791–1871) 發明了第一臺電腦,並且認為人類的心靈也是一種機械的觀念。這件事情的一個重要推手是 Herbert Spencer (1820–1903),他宣稱心靈就如同世界上的其它系統,都在尋找最小能量的狀態。年輕的佛洛伊德完全接受這種觀點,並且在 1890 年代,當他還在心理分析學的領域踏出實驗性的第一步時,就寫了一本厚書叫做《為心理學家寫的生理學》,嘗試用當時物理學的術語來詮釋心理現象,他捍衛 Spencer 學派的觀點,讓心靈盡可能減少氣力,即節省能量。

就像很多在他之前與之後的人,佛洛伊德很快就了解到,心理學

裡有效的術語，如隱喻 (metaphors)，應用到具體情境時，很快就變得無用。「節省能量」的概念過於籠統以至於無法預測人類的行為。結果就是，在 1895 年左右《為心理學家寫的生理學》這本書被擱置在書架上，但是它的迴響卻遍及佛洛伊德的所有作品。佛洛伊德在 1905 年出版的書《論幽默、笑話及其跟潛意識的關係》，把節省能量的概念表達得最清楚。這本書的主題是，我們被笑話逗笑，起因於儲存與壓抑的能量被釋放出來。笑話讓我們能夠享受面對禁止的事而不必受到約束的舒暢，因此，準備用來壓制被禁止念頭的能量是多餘的，從而轉變成輕鬆快樂。

這本書對於幽默感，並沒有什麼啟示。對此佛洛伊德自己並不開心，在晚年他歸因於這是不必要的偏離他主要道路。但節省能量的想法已經流行了，特別是在藝術方面。這個想法就是，藝術品偽裝成看似混亂，會要求準備能量處理它，但是接著隱藏的秩序出現了，這代表準備的能量可以節省下來。節省能量就意味著得到樂趣。這就好像當我們發現贏得一個戰役時，我們會感到愉悅一樣，因為我們不再需要準備能源去奮鬥了。採取這樣的途徑，達到從混沌中突然出現的秩序，於是美的感覺就油然而生。

音樂是一個這樣的領域，讓這種解釋可以運作得很完美。為了讓音樂是一種享受，它必須是複雜的，必須是看似無組織的噪音，然後又展現出秩序。我們時常企圖破解從外在世界而來的刺激，我們也準備能量把噪音組織起來。若我們發現了噪音中的秩序，則能量就可節省下來。聲音之間的連結被揭露後，讓我們能夠預測什麼東西即將到來。這發生在兩個面向：旋律與和聲。旋律是音符在時間之流中的組織，而和聲是音符在頻率之間的連結。在下一章中，我會解釋關於這兩者的一些關係。

若音樂足夠複雜，則這些連結並非直截了當，而且不能透過意識來察覺。這表示在意識的層面，我們不完全理解在音樂作品中的秩序。介於察覺到「缺乏秩序」與「具有隱藏秩序」之間有個缺口，這只能無意識地感知。在此缺口，我們處在有意識的觀察與無意識的感知之間，這裡正是美感的泉源。

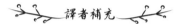

譯者補充

音樂表現那些不能說又不能不說的東西。
(Music expresses that which cannot be said
and on which it is impossible to be silent.)

雨果 (Victor Hugo, 1802–1885)

正如所有的藝術趨向於音樂，所有的科學歸依於數學。
(Just like all arts tend to be music, all sciences aspire to mathematics.)

西班牙裔的美國哲學家、詩人 George Santayana (1863–1952)

我仍然是透過重新發現來從混沌中創造出秩序。
(I am still making order out of chaos by reinvention.)

John le Carrè (1931–)

世界上的混沌帶來不安，但同時也提供創造與成長的機會。
(Chaos in the world brings uneasiness, but it also allows the
opportunity for creativity and growth.)

Tom Barret (1953–)

7 數學的和聲

譯者補充

在琴弦的嗡嗡聲中有幾何，在星球的間距中有音樂。
(There is geometry in the humming of the strings,
  there is music in the spacing of the spheres.)

萬有皆數。(All is number.)

數統治著宇宙。(Numbers rule the universe.)

畢達哥拉斯

來自 Samos 島的畢達哥拉斯（Pythagoras，約西元前 570–約前 495）
(©Wikimedia)

節奏與預測

> 我們從音樂中得到的樂趣是來自點算，但卻是
> 無意識地點算。音樂只不過是無意識的算術。
>
> 德國數學家及哲學家萊布尼茲
> (Gottfried Wilhelm von Leibniz, 1646–1716)

人類以未來為導向，這跟所有的動物一樣。他們著重在下一秒會在哪裡，而不是上一秒的事情。即使是一位歷史學家，在煎蛋時，更感興趣的是蛋下一刻會變成什麼。這有簡單演化上的理由：生物是透過演化的形塑而成，演化選擇了最能夠留下後代物種的生命形式。

理解世界的秩序表示能夠將你未來的環境跟你的優勢結合起來，這就是為什麼我們可以從音樂節奏中獲得樂趣的原因。一個可以預期的節奏，能夠節省投下的能量，那是用來破解隱藏在聲音裡的秩序所需的能量。但它不能太過於可預測，因為必須先把能量聚集起來，才能節省能量。如果節奏非常複雜，而且我們無法用意識去解讀它，我們就會準備能量用來猜測下一個音符。當秩序被我們揭開時，這些能量就不需要了，因為我們知道要預期什麼，而節省下來的能量便轉換成愉悅。

畢達哥拉斯

那什麼是音樂的第二個要素，和聲嗎？這更是一個謎題了。我們都知道，一些音的組合令人愉快，然而有些並非如此。例如，音符 C 與高八度的 C 聽起來很搭配。實際上，當一起聽它們時，我們很難區分它們。C-G 和 C-E 的組合也一樣好聽。音符 C、E、G 是 C 大調音階的

基本音，音符都在白色鋼琴鍵上彈奏。一個 C 大調的曲子，經常是由 C 或 E 或 G 的某種順序開始，然後經過流浪與徘徊，再回到 C 或 E 或 G。音樂建立在原本的和聲與偏離之間的張力上面。

但為什麼有些音的組合令人愉快，而有些音的組合卻讓耳朵難受呢？令人驚訝的是，答案在於數學。這是數學史上最具魅力的人物之一的畢達哥拉斯發現的。他是最稀有的一個獨立教派的創造者和領導者：數學教派（a mathematical cult，以崇拜數為宗旨）。這個教派大約有 600 人，男性和女性兼收，居住在希臘殖民地的 Crotona，這個地方在義大利地圖中靴子的「鞋跟」部位。他們將所有財物都捐獻給教派，並且發誓要將所有的發現都保密。曾有一個傳說，有一天畢達哥拉斯走過一間鐵匠店的門口，被鐵鎚打鐵有著節奏的悅耳聲音所吸引，他感到很驚奇，於是走入店中觀察研究。他發現到有四個鐵鎚的重量比恰為 $12:9:8:6$，其中 9 是 6 與 12 的算術平均，8 是 6 與 12 的調和平均，9, 8 與 6, 12 的幾何平均相等。將兩個兩個一組來敲打皆發出和諧的聲音，並且 $12:6=2:1$ 的一組，是八度音程（an octave）；$12:8=9:6=3:2$ 的一組，是五度音程（a fifth）；$12:9=8:6=4:3$ 的一組，是四度音程（a fourth）。

畢氏進一步用單弦琴（monochord）作實驗加以驗證。對於固定張力的弦，利用可自由滑動的琴馬（bridge）來調節弦的長度，一面彈，一面聽。在畢氏時代，弦長容易控制，而頻率還無法掌握，故一切以弦長為依據。畢氏經過反覆的試驗，終於初步發現了音律的奧祕，歸結出畢氏的琴弦律：

　(i)兩音之和諧悅耳跟其兩弦長之成簡單整數比有關。

　(ii)兩音弦長之比為 4:3, 3:2 及 2:1 時，是和諧的，並且音程分別為四度、五度及八度。

(©Wikimedia)

　　用現代的術語來說，如果兩個音的頻率比越簡單，也就是說，可以被較小的整數表現出來（例如，頻率比 3:2 就比 11:5 簡單），那麼合起來聽就會越好聽。聲音的頻率是聲波每秒在空氣中振動的次數，或者更精確地說：聲波每秒波峰的個數。如果一個音是由一條弦的振動產生的，則頻率就是該弦每秒鐘振動次數。相差八度的音（例如：C 與再上去的 C），兩者的頻率比為 2，高音 C 的頻率是低音 C 的兩倍。G 是八度中的第五音（從 C 開始算起），其頻率是 C 的 $\frac{3}{2}$ 倍。換句話說，C 每振動 2 次，G 振動 3 次。E 與 C 的頻率比為 5:4，同樣很簡單。這就是為什麼 C、E 與 G 的音能夠和諧地搭配在一起。

譯者補充

畢氏音律 (Pythagorean scale)：

	do	re	mi	fa	sol	la	si	do
音名：	C	D	E	F	G	A	B	C
頻率比：	1	$\frac{9}{8}$	$\frac{81}{64}$	$\frac{4}{3}$	$\frac{3}{2}$	$\frac{27}{16}$	$\frac{243}{128}$	2

純律 (Just scale)：

do	re	mi	fa	sol	la	si	do
1	$\frac{9}{7}$	$\frac{5}{4}$	$\frac{4}{3}$	$\frac{3}{2}$	$\frac{5}{3}$	$\frac{15}{8}$	2

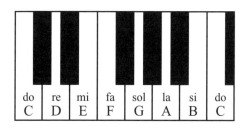

畢氏利用「五度音循環法」定出音階，叫做畢氏音階，又叫做畢氏音律。純律以「大三和弦」(a major triad) 為出發點定出音階，叫做純律音階，又叫做純律。詳情請見本叢書《數學拾穗》這本書的「數學與音樂」篇。

亥姆霍茲

為何音的頻率呈現簡單整數比就會使人愉悅呢？畢達哥拉斯發現了這個現象，但是他無法加以解釋。一直等到 2,400 年後才有人能夠解答這個謎題。

　　這個謎題是由德國數學家、物理學家兼生理學家，也是對美學頗有研究的亥姆霍茲 (Hermann von Helmholtz, 1821–1894) 解決的，他是一位真正的文藝復興人（指通才的博學者），他的解釋建立在「泛音 (overtones)」的現象上面。當一條琴弦以某頻率振動時，同時伴隨著有頻率是 2 倍、3 倍、4 倍、……的高音出現，這些叫做泛音。當泛音越遠離原始音時，即泛音與原始音的頻率比越大時，泛音的聲音會越微弱，但它們是可以聽得見的。換句話說，當演奏音 C 時，大多數時候我們也會聽到一個高八度音的 C，其頻率恰好是兩倍，還有更高八度音階中的 G 也聽得見，其頻率恰好為原本 C 的三倍。兩個頻率之間的簡單整數比意味著它們具有弦外之音。例如：同一個八度音階中的 C 和 G 共享一個八度音高的 G。一起聽這些音時，我們揭開了隱藏的秩序。音符是不同的，但在不知不覺中，我們找到了一個共通點。於是從混沌出現秩序。

　　這是否完全解釋了人們從音樂中所獲得的趣味？當然沒有。這並不能解釋音樂為何會如此動人。它不牽涉到音樂所引起的情緒，只涉及能被智性歸類那部分的樂趣。但這已是一個很好的開始。

神秘的數

所有這些事情都超越了古希臘人的知識範圍，因為他們對頻率一無所知。當人類不清楚某件事情時，通常幻想就開始運作。為了解釋音樂和聲的現象，畢達哥拉斯和他的門徒就發明一個想像的理論：關於數的魔力以及數的比例關係之論述。他們提出一個奇特的口號：「萬有皆數 (All is number.)」。也就是說，世界是被簡單的整數比所統治。畢達哥拉斯認為，宇宙萬有的現象都必須遵循著數的規律。他們相信，行星運行的圓形軌道，它們的直徑之間也具有簡單的整數比，因此，行

星運行時會發出「星球的音樂 (Music of the Spheres)」，這遠遠超出當時所能理解的範圍。他們宣稱，世界上任何有意義的事物都可以化為整數比。

　　當一個數是兩個整數的比值時稱為 「有理數 (rational number)」（從「比例 (ratio)」這個字衍生而來）。每個整數都是有理數，例如：4 是有理數，因為它是自身 4 與 1 的比值，即 $4 : 1 = 4$。每一個分數具有整數分子和整數分母也都是有理數，因為在分數表示中的橫槓實際上是一個除法運算：$\frac{17}{3}$ 是 17 除以 3 的值。因此，畢達哥拉斯認為自然界中重要的數值都是有理數，正的有理數就足夠用來戡天縮地。

清醒過來

古希臘人的智慧成就簡直是一項奇蹟，只有區區幾十萬人卻發明了美妙的概念系統，至今我們仍然受惠於他們的成果。對於抽象理念的無窮尊敬，激勵了他們。對於他們來說，抽象具有神奇的力量，甚至比現實世界更為重要。他們是第一批為了研究抽象自身而抽象的人，根本不考慮實用上的功利。在此之前，古埃及人與巴比倫人都曾研究過數，但是他們都為了實用的目的。古希臘人首次將數視為一個抽象世界，值得為其美麗與內在的和諧去探索。

　　在古希臘人的成就之中，幾何學占有最特別且最重要的位置。他們在這個領域發展了「公理」與「證明」的概念，並且將幾何學精鍊到達最高層次的抽象境界。畢達哥拉斯是古希臘幾何學的創始人之一，後人以他的名字來命名的**畢氏定理**，至今仍然是最重要且最有用的幾何定理（仍然閃閃發光）。事實上畢氏並不是發現者，但是數學史家猜測他可能是第一位提出證明的人。

畢氏定理：對於任何直角三角形，兩股上正方形的面積相加，等於斜
邊上正方形的面積。

這個定理非常重要，因為它使我們能夠計算距離，而距離是幾何學的
最根本量。給定直角三角形兩股的長度，我們就可以算出斜邊的長度。
這也表示只要會計算東西向與南北向的長度，我們就可以算出任何兩
點之間的距離。

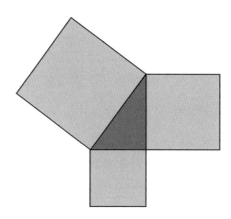

畢氏定理：直角三角形兩股上的正方形面積相加等於斜邊
上正方形的面積。

在這個定理中有一個有趣的特例，即兩股等長的情形（等腰直角
三角形）。考慮邊長為 1 的單位正方形，它的對角線是兩股長為 1 的直
角三角形之斜邊。根據畢氏定理，斜邊長的平方為 $1^2 + 1^2 = 2$，因此，
斜邊的長度為 $\sqrt{2}$。

根據畢氏定理，單位長正方形的對角線長度為 $\sqrt{2}$。

　　畢氏定理的這個特例有個簡單又特別漂亮的證明，出現在一個有點令人驚訝的地方：《柏拉圖對話錄》之一的孟諾篇（*Meno*，正如在柏拉圖的所有對話錄中，英雄都是蘇格拉底）（參見本叢書裡《數學拾貝》的第 17 章有完整的漢譯）。請看下圖：

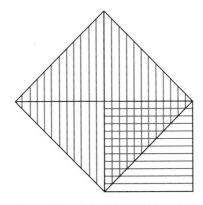

在對角線上的正方形（具有垂直陰影線）之面積是小正方形（具有水平陰影線）的面積的兩倍，因為前者含有 4 個三角形，而後者只含有 2 個三角形。因此，較大的正方形邊長等於小正方形邊長的 $\sqrt{2}$ 倍。

假設小正方形（水平線者）的邊長為 1，則其面積是 1×1，也就是 1。較大的正方形（用垂直線標出者）由 4 個三角形所組成，而小正方形只包含 2 個（所有的三角形都全等，也就是說，它們能夠完美地疊合）。因此，大正方形的面積是小正方形的 2 倍。任何正方形的邊長是其面積的平方根，所以大正方形的邊長是 $\sqrt{2}$。但注意看：大正方形的一邊長是小正方形的對角線！因此，這個對角線長為 $\sqrt{2}$。

在畢氏學派的思想和心靈中，幾何學占有特殊重要的地位。對他們來說，正方形的對角線是一個很平常的對象，所以他們認為它的長度應該是有理數。多年以來，他們試圖找出它的整數比。他們找到 $\frac{7}{5}$，但只接近於 $\sqrt{2}$，而不相等，因為 $\frac{7}{5}$ 的平方是 $\frac{49}{25}$，差不多是 2，但比 2 小一點。最後他們不得不痛苦的承認真相：$\sqrt{2}$ 不是有理數，即 $\sqrt{2}$ 是無理數（在下一章給出證明）。這對畢氏學派是一個嚴重的打擊，他們發誓要保密。由於該學派的隱祕性，所以我們對這件事情的準確性，了解得並不多。下面流傳的故事很可能是虛假的：據說畢氏的一位門徒 Hippasus 把這個祕密透露給外界知道，因而被謀殺於海上。這幾乎可以肯定是杜撰的，Hippasus 的淹死，很可能是一場海上的意外。但是畢氏學派卻認定他是因為受到諸神的懲罰而死亡的。

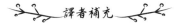

畢氏假說：任何兩線段 a 與 b 皆可共度 (commensurable)，意思是說，存在有一
　　　　　個共度單位 $u>0$，使得

$$a = m \cdot u \text{ 且 } b = n \cdot u$$

　　　　　其中 m 與 n 皆為自然數。

　　因此，任何兩線段 a 與 b 的比值必為有理數

$$\frac{a}{b} = \frac{m \cdot u}{n \cdot u} = \frac{m}{n}$$

從而，畢氏以為有理數已足夠幾何學的度量之用。因此，畢氏標舉「萬有皆數」
的大旗，這裡的數是指正整數或兩個正整數的比值（正分數），整個合起來就是
正有理數系。

　　畢氏學派在畢氏假說之下，證明了長方形的面積公式，據此再進一步證明畢
氏定理，……等等。本來畢氏以為已經穩固地把幾何學建立在正有理數系的算
術基礎上；不幸的是，Hippasus 發現：正方形的對角線與一邊為不可共度的
(incommensurable)。這等價於：$\sqrt{2}$ 為無理數。Hippasus 的發現震垮了畢氏的理
論系統。這件事情在數學史上稱為第一次的數學危機。柏拉圖認識到其重要性，
因此他說：

　　　　不知道正方形的對角線與一邊為不可共度者，愧生為人。

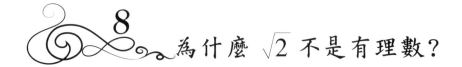

8　為什麼 $\sqrt{2}$ 不是有理數？

定理：$\sqrt{2}$ 不是有理數，即 $\sqrt{2}$ 是無理數。

為什麼 $\sqrt{2}$ 不是有理數？為什麼它不能表示成 $\sqrt{2} = \dfrac{n}{m}$，其中 m 與 n 都是自然數？要證明這件事，我們從反面切入，假設 $\sqrt{2}$ 為一個有理數：$\sqrt{2} = \dfrac{n}{m}$，然後推導出一個矛盾。首先，我們可以假設 $\dfrac{n}{m}$ 是一個最簡分數，換句話說，分子和分母除了 1 之外沒有公因數。如果有的話，我們就約分它，也就是說將它們同除以公因數。

由假設 $\sqrt{2} = \dfrac{n}{m}$，平方得到 $\dfrac{n^2}{m^2} = 2$。再將兩邊同乘以 m^2，得到：

(*) $$2m^2 = n^2$$

現在我們分成兩種情形來討論：n 為奇數或 n 為偶數。這兩種情形都會造成我們想要的矛盾。如果 n 為奇數，則 (*) 式的右邊就是奇數的平方，所以也是奇數（兩個奇數的乘積仍是奇數），而左邊是 2 的倍數，因此是個偶數。因為奇數不可能等於偶數，所以右邊與左邊不會相等。（舉個例子來說，如果 $\sqrt{2} = \dfrac{7}{5}$，那麼 $2 = \dfrac{7^2}{5^2}$，亦即 $2 \times 5^2 = 7^2$。左邊的 50 是偶數，而右邊的 49 是奇數，不可能相等。）

其次假設 n 為偶數。根據假設，$\dfrac{n}{m}$ 為最簡分數，所以 m 一定是奇數（如果它是偶數，那麼可將 2 約掉）。因為奇數的平方還是奇數，(*) 式的左項乘積是奇數乘以 2，無法被 4 整除，但右項是偶數的平方，一定能被 4 整除。因此兩邊的數不可能相等，這裡的等式同樣也導致矛盾。

　　要證明一個敘述（或命題）p 成立，我們假設 p 不成立，然後推導出一個矛盾，因此「假設 p 不成立」是錯的，從而證明了 p 成立。這叫做**歸謬證法**，它是古希臘文明的偉大貢獻。

　　到底 $\sqrt{2}$ 是一個什麼數，要如何表達呢？其中一種方法是表為無窮小數 $\sqrt{2} = 1.4142135623\cdots$，這表示 $\sqrt{2}$ 可以用有理數列 1, 1.4, 1.41, 1.414$\cdots$ 去逼近。我們注意到 $1.4 = \dfrac{7}{5}$，並且 $1.\overline{42857} = \dfrac{10}{7}$，因此 $\sqrt{2}$ 幾乎剛好在它們的中間。幾乎，但當然不會剛好：因為正中間是有理數，但 $\sqrt{2}$ 不是有理數！若一個數不是有理數，我們就稱為無理數 (irrational number)，所以 $\sqrt{2}$ 是一個無理數。

譯者註

利用畢氏定理發現 $\sqrt{2}$，再利用歸謬法證明 $\sqrt{2}$ 不是有理數。這在數學史上是多麼重大的一件事情。影響重大：產生數學史上的第一次危機，震垮畢氏學派的幾何研究綱領，催生了澎湃的哲學思潮，以及 300 年後促成歐氏幾何學的誕生，首次以公理演繹的方法來建立幾何學。

9 實數系

要完全認識一個事實的重要性可能需要很長的時間。從事後看來，發現無理數是數學史上的一個轉捩點。如果 $\sqrt{2}$ 不是兩個整數的比值，那麼我們要如何描述它呢？如我們所知，通常是使用無窮小數，也就是把它看做是無窮數列的極限值，數列平方後會越來越趨近於 2。這是通往極限概念的入門，恰好是微積分學的基石。

事實上，$\sqrt{2}$ 並沒有孤單很久，它很快就加入其他無理數所組成的群組。古希臘人發現：如果一個整數 n 的平方根 $\sqrt{n}$ 不是一個整數，那麼 $\sqrt{n}$ 就是一個無理數。因為 $\sqrt{4} = 2$, $\sqrt{9} = 3$，都是整數，所以 $\sqrt{4}$ 與 $\sqrt{9}$ 都是有理數。但是，$\sqrt{3}, \sqrt{5}, \sqrt{6}$ … 等都不是整數，所以它們都不是有理數。

我們利用歸謬法證明：$\sqrt{2} + 1$ 是一個無理數。如果它是有理數，那麼由於 $(\sqrt{2} + 1) - 1 = \sqrt{2}$，即 $\sqrt{2}$ 是兩個有理數之差，因此它本身也會是個有理數，但在前一章我們已經證明過 $\sqrt{2}$ 不是有理數，因此我們就得到一個矛盾。

我們也得到一個結論：存在有無窮多個無理數。事實上，因為任何兩個相異數之間都存在有無理數，所以它們多到密密麻麻，叫做「稠密 (dense)」。有理數就像是篩子，上面的孔洞就是無理數。更令人驚訝的發現是，在 19 世紀末由數學家康拓 (Georg Cantor, 1845–1918) 提出：篩子上的洞占有絕大多數。換言之，無理數比有理數還要多很多。把數系與人群作類比，「有理的」只占極少數。

　　如果一個數能夠表為兩個整數之比就稱此數為有理數 (rational numbers)，不是有理數的數就叫做無理數 (irrational numbers)。將所有的有理數與無理數全部合起來，就叫做實數系 (real number system)，這個集合記為 $\mathbb{R}$。當然，這不是對此術語的建構定義。這就像是定義「生物」為「人或非人」，這並不會告訴我們什麼是「有生命的非人生物」。實數系在 19 世紀末才被確切地定義，那時是一個從模糊到嚴謹的過渡期，數學上的直覺被補上精確的定義與證明。在那幾年微分和積分的定理也都有了清晰準確的定義與證明。同時對自然數也提出了清楚的公理系統。希爾伯特完成了歐幾里德 (Euclid, 約西元前 325– 約前 265) 留下來超過 2,000 年仍未完成的工作：為平面幾何建立精確的公理系統。

　　戴德金 (Richard Dedekind, 1831 – 1916) 與康拓這兩位數學家，給出了實數的精確定義。他們的定義提供了一個理由，解釋為什麼在 16 世紀初，這些數被以無窮小數的形式提出來。就以圓周率 π 為例，它是圓周與直徑的比值，通常被寫成 $\pi = 3.141592\cdots$，無限的一直寫下去。這表示數列 3, 3.1, 3.14, 3.141, $\cdots$ 會越來越趨近於 π 的意思。

　　但是有理數的小數展開就比較特別了。舉例來說，$\frac{1}{3} = 0.333\cdots$，數字 3 永遠不斷地重複。顯而易見，這是每個有理數的特徵。任何一個有理數的小數展開，總會從某一數字就開始重複，像在數 $2.4131313\cdots$ 中，13 無限地循環。

　　事實上，循環小數 $0.999\cdots$ 寫成分數是什麼？答案是 $0.9999\cdots = 1$。要理解為什麼這個等式會成立，首先必須理解 $0.999\cdots$ 是什麼？它是數列

$$0.9, 0.99, 0.999, 0.9999, \cdots$$

的極限值,因為數列逐項跟 1 的距離為 $\dfrac{1}{10}$, $\dfrac{1}{100}$, $\dfrac{1}{1000}$ … 而這會趨近於零。因此極限值為 1,亦即 $0.9999\cdots = 1$。

我們也可以利用代數方法來探求。令 $x = 0.9999\cdots$,則 $10x = 9.9999\cdots$ 。兩式相減得到 $9x = 9$,所以 $x = 0.9999\cdots = \dfrac{9}{9} = 1$。

知道了 $0.999\cdots = 1$ 之後,兩邊同除以 3,就得到 $0.333\cdots = \dfrac{1}{3}$。

現在讓我們將 $2.4131313\cdots$ 化為分數。令 $x = 2.4131313\cdots$,則

$$1000x = 2413.131313\cdots, \quad 10x = 24.131313\cdots$$

前式減去後式得到 $990x = 2413 - 24 = 2389$,所以

$$x = 2.4131313\cdots = \dfrac{2389}{990}$$

至此我們已經證明了:任何有限小數或無窮循環小數都可以化為有理數(又叫做分數)。

反過來也成立:每個有理數都可化成有限小數或無窮循環小數。這只要將分子除以分母,實際作長除法,就可以輕易地證明。舉例來說,$\dfrac{7}{3}$ 是將 7 除以 3 的結果,我們得到 $2.333\cdots$。不難看出,兩個整數相除,有限步就會得到 0 或從某一步之後開始循環(鴿籠原理)。

結論是:有理數的刻劃條件是有限小數或無窮循環小數。這也表示,無理數的刻劃條件是無窮不循環小數。

舉例來說,數 $0.101001000100001\cdots$ 不是有理數,因為它不是無窮循環小數。這也(有點模糊地)指出無理數多於有理數:因為比較起來,循環是一種稀有的現象,「絕大部分」的小數都是不循環的。

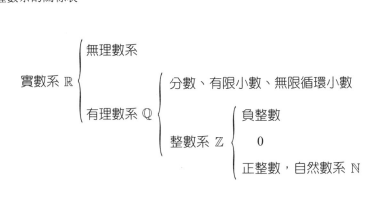

譯者註

各種數系的關係表

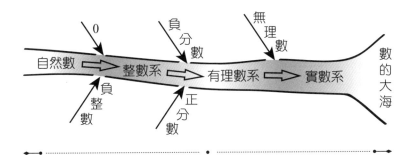

10 規律的奇蹟

> 我把自己看作是一個在海邊沙灘上撿拾貝殼的孩童。
>
> 牛頓

> 這個世界最不可理解的事情就是它居然可被理解。
>
> 愛因斯坦 (Albert Einstein, 1879–1955)

數學不合理的有效性

> 一個物理理論應當具有數學的美。
>
> 英國數學家與物理學家狄拉克 (Paul Dirac, 1902–1984)

愛因斯坦告訴我們，即使我們知道一些主宰著宇宙運行的秩序與規律，我們仍然永遠無法了解為什麼宇宙會在那裡。這就像大自然為我們建造了一座城堡，我們只能一點一滴挖掘出其中的寶藏。而我們總是像在海岸邊撿拾貝殼來把玩的孩童，永遠無法探測到事物的最深處。但是比秩序的存在更令人驚奇的是，秩序可藉由數學公式表現出來，更震驚的是 ， 必須應用當時最高深的數學理論 。 偉大的數論家哈第 (Godfrey Harold Hardy, 1877–1947) 是一個公開聲稱的和平主義者。他的主要研究夥伴小林 (John Edensor Littlewood, 1885–1977)，在第一次世界大戰時，發展出彈道學。這可能就是為什麼哈第直到生命的最後，在他的書《一個數學家的辯白》中，總結自己身為一個數學家，值得安慰的是，自己發現的數學沒有任何應用，在軍事用途上更是一無是處。然而不久之後，哈第的理論在密碼學扮演了一個重要的角色，而

現在更被直接應用在部分的電腦科學上。

數學年刊充滿著這樣的例子。今日深奧的數學領域變成明日科學的根本工具。這裡有一個著名的例子：在西元前三世紀，阿波羅尼奧斯（Apollonius，西元前 262–前 190）發展了圓錐曲線的理論，用平面去截取圓錐曲面所得到的截痕叫做圓錐曲線，包括有圓形、橢圓、拋物線、或雙曲線（阿波羅尼奧斯也創立了這些術語），還加上一些退化的情形。

以平面切割圓錐曲面得到四個圖形（由上到下）：
圓、橢圓、拋物線與雙曲線。

阿波羅尼奧斯的研究完全是理論性的，沒有一點實用的考量。將近兩千年後，德國數學家、天文學家以及占星家克卜勒 (Johannes Kepler, 1571–1630) 採用了圓錐曲線來描述行星的運動。行星以橢圓軌道繞著太陽運行（在特殊情況下，橢圓會變成圓形）。另外，從無限遠處運行而來的星體，起先不受太陽引力場的影響，持續維持原運動，

然後進入太陽引力場，它的軌道通常呈現出雙曲線；而拋擲一個石頭，它的運動軌道就是很奇特的拋物線。

廣義相對論是另一個著名的例子。當愛因斯坦需要用數學工具去探討時空的幾何時，他詢問他的數學家朋友，他們告訴他，他所需要的數學早已存在了。大約在五十年前，黎曼 (Bernhard Riemann, 1826–1866) 與其他人已發展出了這種數學理論，只是數學家永遠想不到他們的發現在不久的未來有了實際的應用。

數學從真實世界吸取靈感與問題，但經常又拋開現實，純由自己內在的理論需求走出自己的道路，然後發現領先物理學數十年甚至數世紀。舉例來說，群論是代數學的一個領域，似乎是太過抽象，以致沒有實際的用途。英國諾貝爾物理獎得主金斯 (James Jeans, 1877–1946) 在 1910 年訪問美國普林斯頓大學時，他認為物理系的學生永遠用不到群論，所以他主張將群論從學校的課程中刪除掉。然而不久後，群論卻成為物理學家研究基本粒子最重要的理論基礎之一。最近的一個例子是弦論 (string theory)，它是近幾十年來發展出來的次原子理論，很有可能成為未來物理學的主流，但是若沒有近幾十年發展的代數理論及拓撲學，則弦論不可能誕生。諾貝爾物理獎得主維格納 (Eugene Wigner, 1902–1995)，寫了一篇著名的文章：「**數學在自然科學中不可理喻的有效性**」。他寫下了他對這件事的驚奇：基於純理論考量而推演出的數學定理，很快就可以應用到現實世界。在所有學科當中，為什麼高等數學是研究大自然適合的工具？為什麼需要用到深奧及前沿的數學？

一個可能的解釋是「深奧的」與「基本的」是兩個緊密相關的概念。古希臘人用到的深奧數學理論，從現代科學家的眼光來看，是相當基本的。我們覺得很深奧的事物，對於高智慧的生物而言，是非常

基本的。物理學家只使用現有的數學知識，如果數學家能夠提供物理學家更好的工具，他們將會使用它們。

世界的秩序與數學的秩序

> 何瑞修 (Horatio)，宇宙間無奇不有，
> 不是你的哲學全然能夠夢想得到的。
>
> 莎士比亞《哈姆雷特》第一幕

> 是的，但是仍然有許多哲學中的事物
> 從未在天堂與世界提及。
>
> 數學家兼諷刺作家 Georg Christoph Lichtenberg (1742–1799)

數學描述著這個世界，但是也有許多數學的事物從未在這個世界上被夢想過。從數學概念被引入的那個時刻開始，它就有了自己的生命。事實上，大部分的數學問題並不是從現實問題產生，而是從其它數學問題衍生出來的。問題藉由與先前的概念產生連結而得到它們存在的權利。但是支流通常會回流，並且注入主流。儘管數學有著純理論的外表，但是科學家剎那間就認識到，他們需要它們。

美與真

> 如果解答不漂亮，那便是錯誤的。
>
> 數學家、建築師以及發明家富勒 (Buckminster Fuller, 1895–1983)

那些我無意識想出的點子，也是那些最靠近
我的意識的東西，同時也符合我的審美觀。

法國數學家阿達馬 (Jacques Hadamard, 1865–1963)

摘錄自《數學領域的發明心理學》

我的工作永遠都在嘗試結合真與美，但是
當我必須選擇其中之一時，我會選擇美。

德國數學家外爾 (Hermann Weyl, 1885–1955)

數學最獨特的特徵之一是它的諸多猜測。這些怪物已是數學堅強的驅
動力和聖杯 (其中有許多)。猜測可能在解決問題之前存活數百年。奇
怪的是，其中大部分的猜測最終都會被證明，而不是被否證掉。數學
家如何預感猜測會是真的呢？令人驚訝的答案是，最好的標準是來自
美學。當數學家覺得猜測很美時，他們就會傾向於相信它是真的。

　　在書中我們已經提過英國數學家哈第，他在 1913 年收到拉曼努將
(Ramanujan, 1887–1920) 從印度寄來的一封信。拉曼努將是一位貧困
的印度小職員。這封信包含了一些數論的恆等式。哈第可以證明其中
一些，但大部分他都證不出來。然而他相信它們都是對的，因為它們
看起來是那麼高雅美麗。拉曼努將自己也無法證明其中的一些，但是
他夢見過它們。哈第明白這位年輕的印度男子是史上最偉大的數學天
才之一，於是邀請他來英國的劍橋大學，兩人在那兒一起工作了幾年。
令人遺憾的是，拉曼努將無法適應英國惡劣的氣候以及遠離家鄉的思
鄉之苦。他的健康本來就不是很好，在英國更快速地惡化。在他回到
印度後，於 1920 年去世，得年只有 33 歲。

拉曼努將是一位出生在印度的數學天才，沒有受過正規的
大學教育。他被哈第和小林發現，然後來到英國並且跟哈
第工作了大約四年。因無法適應英國的氣候，所以又回到
印度，33 歲時去世。
(©Wikimedia)

　　在證明一個數學猜測的過程中，常感覺毯子太小：如果你把毯子
拉向一邊，則另一邊就露出來。但如果假說十分漂亮，數學家會相信
在其背後的深刻秩序會對他有益，並且會露出它的內在邏輯。如果不
是他自己解出來，也會是後來的人。看起來，數學女神是站在美的這
一邊──猜測越美麗，正確的機會就越高。美是真理的嚮導，因為它
表達了對秩序的無意識感知。當一切都到位時，必定有其內在的原因。

譯者註

拉曼努將被喻為「真懂無限的人」(The man who knew infinity)。有一部電影片名
叫做《天才無限家》，演的就是他一生展現數學天才的事蹟。

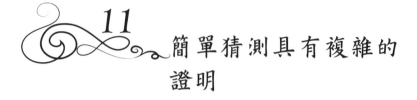

11 簡單猜測具有複雜的證明

證明其實不是在那裡向你展示某些事情是真的，
它們只是在那裡向你展示為什麼它是真的。

美國數學家 Andrew Gleason (1921–2008)

數學奇妙的有用是一個驚奇。另一個驚奇是，數學的秩序出現在濃縮的一個膠囊之中，深奧的秩序通常以簡潔的敘述來顯示。每一個容易敘述的命題，即使是一個小孩也能理解，它有如在複雜數學結構的海面上，浮出的一座冰山。它們的證明有著驚人的困難，有時會達到數百頁甚至數千頁之多。簡單的事實，它的證明怎麼會比事實本身還要複雜幾萬倍呢？至少用字數來衡量是如此。

讓我描述四個這樣的案例。這是四個簡單的猜測，它們的證明是困難的或仍然難以捉摸。四個猜測中的每一個都曾得到頑強的研究，其中有兩個仍然未得到證明。這些猜測對於專業和業餘數學家都是誘人的。就像一個相信《幸運夫人》（Lady Luck，泛指機運女神）的賭徒，認為機運會眷顧地球上的所有生物一樣，每個數學家都抱著一絲希望，期待他會成為數學女神青睞的幸運兒。然而，看起來不怎麼樣的樹，可能會有很深厚的根。在大多數情況下，當證明終於被發現時，這並不是直截了當的，而是需要新的與令人驚奇的想法。

克卜勒裝球問題

果園的主人想要把他生產的橘子裝在一個紙箱裡。通常我們假設這些

都是數學的橘子，也就是說，它們都是完美的球體，大小相同。我們假定紙箱比橘子大得多。(這個條件是為了確保在紙箱邊緣發生的事情不會有決定性的影響，在更精確的問題描述中，我們需要更大更大的紙箱，它們的尺寸趨近於無窮大。) 果園主人應該如何把橘子裝箱，使得箱子能裝進最多顆橘子 (留下的空隙最少)？這個問題有兩個自然的解決方案，一種是在紙箱底部排成水平直線的行與垂直的列，如下圖所示：

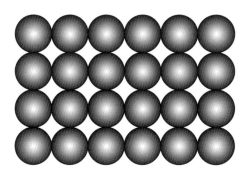

看似經濟的裝箱。 接著是將橘子放置在第一層每四個橘子之間的空間。

　　在第一層的上方，我們放置第二層，將橘子裝入相鄰的四個橘子之間的「空隙」中。第三層按第二層的做法，依此類推。

　　第二種自然的解決方案，紙箱底部的橘子排列成蜂窩的六角形狀，因此每個橘子都位於包圍它的六個橘子的中心。然後，如前面的解決方案，第二層是在相鄰的三個橘子之間的空隙填上一個橘子。第三層與後續層都具有相同的蜂窩結構。

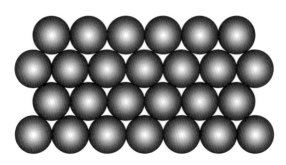

蜂窩狀的裝球看起來也很經濟。

　　兩種裝球方法中的哪一種比較有效?我們為一個驚喜作好準備了。這兩種看似不同的裝球方法實際上是相同的。在直排模式中,傾斜的側平面具有蜂窩狀,並且在蜂窩模式中,傾斜的側平面具有直的行與列。當我們用正方形地基建造金字塔時,這是顯而易見的,它採直排模式。下面的圖顯示,在金字塔的側面有一個蜂窩狀的裝球法。

金字塔的底部是一個正方形,在其中兩個方向,球都排成直的行列。如果我們觀察金字塔的表面,會看到球排列成六角形圍繞中心球的蜂窩狀裝球。

　　這兩種最自然的裝球法一致的事實,表明這確實是最有效的裝球法。克卜勒推測這確實是如此,他的名字我們在談論圓錐曲線中已認識。這個非常自然的命題經過了 300 年才被證明。隨著時間的推移,

它像許多其它著名的猜測一樣，有許多不正確的解法被提出來。美國數學家 Thomas Hales 在 1998 年才提出被證實為正確的證明。又要再花七年的時間，數學界才接受證明的正確性。理由是證明廣泛使用了電腦，檢查的細節太複雜，無法用筆和紙來驗證。書寫的證明長度也是可怕的：大約有 250 頁！

四色問題

政治地圖的基本要求是，任何相鄰兩個國家都要塗上不同的顏色，以便互相區分。地圖製作者可以使用的顏色越多，他就越容易達成這一要求。例如，如果顏色的數量等於國家的數量，則完全無需傷腦筋，每個國家都可以有自己的顏色。

在 1852 年，英國數學家 Francis Guthrie 注意到，只要用四種顏色就足以讓英國地圖相鄰的各郡都塗上不同的顏色。作為數學家（或詩人），這就足以引發他作推廣工作。對於每張地圖用四種顏色到底是可以或不可以辦到呢？這個問題很快就傳開來，並且不正確的解法源源不絕地被提出來。其中最著名的是 1879 年由 Alfred Kempe 提出的解法。跟其它解法不同的是，經過很長的時間 Kempe 的錯誤才被發現。在還未發現錯誤的這段期間，Kempe 被選為英國皇家學會的會員，一部分的理由是他解此問題的成就。但是經過 11 年後，他發現比他原來聲稱的四色還要多一色：任何地圖用五種顏色就可以著色成功。因為皇家學會的會員是屬於終身制，所以他的會員資格仍然有效。

四色問題直到 1976 年才被證明。在這之前，所有跟這個問題相關的領域，例如組合學，這恰好是我的研究領域，在這個領域的數學家常會收到許多業餘人士為碰運氣而提出的錯誤證明。四色問題被兩位美國數學家 Kenneth Appel 與 Wolfgang Haken 真正證明後，所有人都

明白了，為什麼證明會那麼難懂的理由。不僅是因為證明冗長且複雜，正如 Hales 證明克卜勒猜測，他們都使用電腦來檢驗上千種的特殊情況。從那時之後，證明在某種程度上被簡化，但直到現在還是找不到不依賴電腦的證明方法。

　　我不能告訴你太多有關於四色問題的證明，但是作為補償，我告訴你一個相對容易的命題，而且證明也很簡單。假設一張地圖以某種特殊方式畫出來，例如下面左圖，重複畫出大小不同的圓疊在一起，它們將世界切割成一個個的「國家」。在這種情況下，我們不需要四種顏色，只需要兩種就夠了，如右圖。

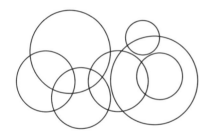 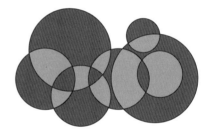

左圖中的地圖很特別，國界以圓弧組成。像這樣的圖形可以如右圖所示用兩種顏色塗成。

　　這個問題最簡單的證明方法是應用到奇數與偶數的概念　（證明 $\sqrt{2}$ 不是有理數時，我們用過一次。現在又要再用一次。讓我們看到奇偶論證法是多麼有用）。若一個國家落在奇數個圓內，則塗成紅色；若一個國家落在偶數個圓內，則塗成藍色。特別地，環繞在周邊的領域（視為「大海」），它落在 0 個圓內，0 視為偶數，所以塗成藍色。

　　讓我們來證明這個塗色法是可行的，也就是證明相鄰兩國的顏色都不同。我們看其中一個國家，就稱它為 A 吧。假設 A 落在 5 個圓

內。因為 5 是一個奇數，根據我們塗色的原則，A 應該塗成紅色。我們必須證明任何與 A 相鄰的國家（假設為 B）都是藍色的。在我們的地圖上，跨越兩個國家之間的國界表示進入或離開一個圓。如果從 A 到 B 是離開一個圓，則 B 落在 4 個圓內（比 A 少一個），所以要塗成藍色。如果從 A 到 B 是進入一個圓，則 B 落在 6 個圓內（比 A 多一個），因為 6 是偶數所以 B 應塗成藍色，這正是我們要證明的結果。你很容易就可以說服自己，5 不是什麼特別的數，亦即這個論證對於每個數都成立。

上升與下降的數列

在 1937 年，德國數學家 Lothar Collatz 提出一個很普通的問題，是有關於數的接龍遊戲。在遊戲中，數列按照下列規則來產生：首先任意選取一個自然數，若它是偶數，則將它除以 2；若它是奇數，則將它乘以 3 加 1；這樣就得到第二個數。接著按照同樣的規則一直玩下去，就得到一個數列。我們會發現一個奇妙的現象，是什麼現象呢？

　　舉例來說，我們由 10 開始。因為 10 是偶數，除以 2 得到 5。因為 5 是奇數，乘以 3 再加 1 得到 16。因為 16 是偶數，除以 2，…。最後得到一個數列：

$$10, 5, 16, 8, 4, 2, 1$$

若從 100 開始我們就會得到：

$$100, 50, 25, 76, 38, 19, 58, 29, 88, 44, 22, 11, 34, 17, 52, 26, 13,$$
$$40, 20, 10, 5, 16, 8, 4, 2, 1$$

兩個例子最後都結束於 1（萬法歸一）。這會是一個常態現象嗎？Collatz 提出猜測：從任何自然數出發，最後都會以 1 作結束。雖然這是一個簡單的問題，但引起了很大的關注，並且一直無法證明。匈牙利數學家艾迪胥 (Paul Erdös, 1913–1996) 就認為今日的數學仍然無法解決這個問題。

為什麼呢？再者，我們要相信這個猜測嗎？有一個非正式的理由：數列的減少多於增加。因為由奇數的增加都是乘 3 加 1，必為偶數，但減少是除以 2，可能施行多次，所以上升的幅度雖大於下降，但是下降的次數多於上升，因為一增加馬上就伴隨著減少，但減少不一定會伴隨著增加。當我們遇到奇數時，增加就會發生，乘以 3（讓它持續是奇數）加 1 後得到偶數，馬上又要下降。這並不是證明，只是看似合理的論證。在每次下降之後，仍有 50% 的機會進一步下降，此後還有 50% 的機會下降，等等。如果是這樣，那麼很容易就可以看出，對於每次上升（上升約 3 倍），平均有 2 次下降，意味著下降 4 倍，所以每上升 3 次通常會下降 4 次。因此，平均而言，下降比上升幅度更大，因此最終達到 1 的機率較高。當然，這並不構成一個證明，因為即使事件的機率很低，它仍然會發生。

另一個困難是數列形成迴圈的問題：沒有先驗的理由知道會不會形成迴圈，例如，如果由 537 開始，那麼數列最終不會再回到 537？例如從 1 開始很快就會返回到 1（從 1 開始的數列，形成迴圈：1, 4, 2, 1）。到目前為止，除了由 1 開始的迴圈外，我們並沒有發現其它的迴圈，並且跟我們提到的理由相似，很有可能不存在其它迴圈。

這是一個有名的數學猜測，也是很好的數學遊戲。這很重要嗎？乍一看，答案是否定的。它跟任何其它數學主題都沒有關係，也沒有任何直接結果。但是，當然啦，若它的解法類型一再出現的話，那就

另當別論。如果解法表明這個數列是「隨機的」，就像上面所描述的那樣——由某一項上升與下降的機會相同，那麼我們就會理解一些有關於數的結構之價值。

雙生質數的猜測

質數是一個大於 1 的自然數，除了 1 與本身之外沒有任何其它因數。前五個質數是：2, 3, 5, 7 與 11。質數很重要，因為它們是數的「原子 (atoms)」：每個數都可以唯一寫成質數的乘積（不計較相乘的順序）。數的質因數可以出現多次，例如：

$$1200 = 2 \times 2 \times 2 \times 2 \times 3 \times 5 \times 5 = 2^4 \times 3 \times 5^2$$

古希臘人已經知道質數有無窮多個。自然數的王國其複雜性歸因於有無窮多個基本的組成部分。

數論的研究在 17 世紀得到了更新，特別關注於質數的行為。最令人著迷的問題之一是質數的密度問題：從 1 到 n 之間質數所占的比率。例如，在 1 到 100 之間有 25 個質數，所以質數約占有四分之一。1 至 1,000 之間有 168 個質數，約有六分之一。1 到 1,000,000 之間有 78,498 個質數，所以約占有十三分之一。

這些例子顯示，一個數 n 越大，小於等於 n 的質數所占有的相對部分越小，即質數越來越稀少。在 1,000,001 到 1,001,000 之間的一千個數中質數的個數比 1 到 1,000 之間的質數還要少。問題是，它們以何種速度減少？以上的數據顯示，下降速度並不是特別快。一百萬大於一千的千倍，但是在一千到一百萬之間，質數所占的比例從 $\frac{1}{6}$ 下

降到 $\frac{1}{13}$，大約只有兩倍。

在第 5 章〈發現或發明〉中，我們已經提到過高斯。在 1796 年，高斯 19 歲時提出了一個關於質數密度的猜測：從 1 到任意自然數 n 之間大約有 $\frac{n}{\ln n}$ 個質數，其中 $\ln n$ 是自然對數，以 $e = 2.718 \cdots$ 為底數（我們將在本書第 25 章介紹數 e）。這個猜測是 19 世紀數學的聖杯之一，最終在 1896 年由兩位數學家 Jacques Hadamard 和 Louis de laVallée-Poussin 獨立解決。他們所證明的定理叫做「質數定理」。它指出，不僅質數有無窮多，而且它們在所有數中所占的比率也不可忽略。對於很大的 n，在 1 與 n 之間有許多質數。

質數的增長還有其它的表現形式。在這個方向上有兩個很著名的猜測：

1. **雙生質數猜測**：雙生質數有無窮多對。

相差為 2 的兩個質數叫做一對雙生質數。開頭的幾對雙生質數如下：

$$(2, 3), (3, 5), (11, 13), (17, 19), (29, 31), (41, 43)$$

2. **哥巴赫猜測**：每個大於 2 的偶數都可表為兩個質數的和。

雙生質數猜測告訴我們，質數足夠豐富，以至於包含許多成對靠近在一起的質數。根據哥巴赫猜測 (Goldbach's conjecture)，質數足夠豐富，使得可以將每個偶數表示為兩個質數的和。上面這兩種猜測都非常有名，通常都綁在一起。哥巴赫猜測是兩者中最廣為人所知，可

能是因為它是以一個人的名字來命名。德國次要數學家哥巴赫 (Christian Goldbach, 1690－1764) 因為寄給歐拉 (Leonhard Euler, 1707－1783) 一封信，裡面提到這個猜測，所以他也進入了數學的神殿。在下一章〈獨立事件〉中，我們會解釋理由，沒有人會懷疑其正確性。實際上，通常偶數越大，它表示為兩個質數之和的方式就越多。數字 10 可以用兩種方式寫成兩個質數的總和：$3+7$ 與 $5+5$。數字 100 可以用五種方式寫成兩個質數之和：$3+97, 11+89, 17+83, 29+71$ 和 $41+59$。

「明智的推廣」是一句著名的數學格言。下面是雙生質數猜測的一個推廣。

猜測：*對於每一個偶數 k，都存在有無窮多對的質數，每一對的相差為 k。*

換句話說，存在有無窮多對質數，相差為 4；也存在有無窮多對質數，相差為 6；⋯等等。k 必須是偶數，因為如果相差是奇數，那麼兩個數中必有一個是偶數，因而不是質數（除非它是 2）。這個猜測在形式上也類似於哥巴赫猜測，其中每一個偶數都是兩個質數的和；在新猜測中，是兩個質數的差。在 2013 年，經過許多數學家的共同努力，終於取得了重大的突破，證明了這個猜測對於所有 $k>244$ 都成立。

~~~譯者註~~~

這兩個猜測雖然已有許多進展，但至今仍是數論中重要的未解決問題。雙生質數就像雙彩虹，在自然數的空間，有無窮多對的雙彩虹，壯觀無比。

簡單的定理為何有複雜的證明？

那麼，一個簡單的定理為何需要複雜的證明呢？這是一個謎，我只能嘗試提出解釋。我認為這是一種光學上的錯覺：簡單的敘述容易引起我們注意。像尋求黃金的冒險家一樣，偶然發現整個新大陸，數學家也試圖解決簡單敘述的問題，並且在這樣做的過程中，發現了複雜的理論。如果他們從最後完成的理論來看，事情會有所不同。數學理論中的簡單敘述只是知識整體的一小部分，但由於其簡潔，而十分顯眼。我們的目光與它們息息相關，在我們看來，它們是主要的焦點。實際上，它們只是大世界裡的一小部分，彷彿是從大石頭中伸出的小木釘。

　　但是我必須承認：每當我遇到一個敘述很簡短的定理，卻具有很長的證明時，我都會再一次感到驚訝。

獨立事件

假設 E 與 F 為兩個事件並且機率 $P(F) > 0$，定義

$$P(E \mid F) = \frac{P(E \cap F)}{P(F)}$$

叫做「在給定 F 之下 E 的條件機率」(the conditional probability of E given F)。這表示，事件 E 原本就有機率 $P(E) = P(E \mid \Omega)$；今事件 F 的發生，對 E 的機率重估為條件機率 $P(E \mid F)$。通常 $P(E) \neq P(E \mid F)$。但是，若 $P(E) = P(E \mid F)$ 或等價地

$(*)$ $\qquad\qquad\qquad P(E \cap F) = P(E) \times P(F)$

則稱「E 獨立於 F」。同理，假設 $P(E) > 0$，若 $P(F) = P(F \mid E)$ 或等價地 $(*)$，則稱「F 獨立於 E」。

因此，$(*)$ 式是關鍵。當 $P(E) > 0$ 且 $P(F) > 0$ 時，若 $(*)$ 式成立，則 E 獨立於 F 並且 F 獨立於 E，合稱為「E 與 F 互相獨立」。

更進一步，當 $P(E) = 0$ 或 $P(F) = 0$ 時，$(*)$ 式自動成立。從而，我們就有機率論中一個很重要的定義：

> 假設 E 與 F 為任意兩個事件，不論機率大於 0 與否。
> 如果它們滿足 $(*)$ 式，那麼我們就稱它們為互相獨立，
> 簡稱為 E 與 F 獨立 (E and F are independent)。

獨立性

數學家有充分的理由相信，雙生質數猜測 (the Twin Primes Conjecture) 與哥巴赫猜測 (Goldbach's Conjecture) 都是正確的。它跟「事件的獨立性」概念有關，這個重要概念不僅在機率論中而且在生活上都普遍存在。

「獨立性」意味著缺乏因果關係。假設有兩個事件，如果一個事件的發生與否，不影響另一個事件的機率，則稱此兩事件是獨立的。例如，許多人認為，丟一個公正骰子出現 6 點的機率是 $\frac{1}{6}$，如果接續丟三次都得到 6 點，那麼下一次也丟出 6 點的機率仍然是 $\frac{1}{6}$。實際上，各次的丟骰子是獨立的，亦即事件：「第一次丟出 6」與「第二次丟出 6」沒有因果關係。特別重要的是，要認識到世界上大多數的事件不取決於你的願望。足球比賽的結果，跟你支持其中一支球隊沒有任何關係。在丟骰子之前對骰子吹吹氣並沒有真正的幫助。

再舉一個例子：性別與眼睛的顏色。知道一個人是金頭髮，會增加此人的眼睛是藍色的可能性。但是知道這個人是女性，並沒有提供關於她眼睛顏色的信息。女性與藍眼是獨立的，即藍眼的人在女性中所占的比例，與在整個人口中所占的比例完全相同。（譯者註：令 W 表示女性，B 表示藍眼，那麼 「女性與藍眼是獨立的」 就是指 $P(B \mid W) = P(B)$。）

獨立性和機率

為了討論方便起見，假設名字以 A 開頭的人在全體人口中（無論是男

性或女性）所占的比例為 $\frac{1}{20}$，也就是機率為 $\frac{1}{20}$，或每 20 個人中就「差不多」有一個人的名字以 A 開頭。名字都是以 A 開頭的夫妻，這個事件記為 (A, A)。

問題：在所有已婚夫婦中，(A, A) 所占的比例是多少？

　　我們可以想像兩個極端的情況。如果所有名字以 A 開頭的男人都發誓不要跟名字以 A 開頭的女人結婚，那麼就不會有 (A, A) 類型的夫妻。另一極端，如果所有名字以 A 開頭的男人只跟名字以 A 開頭的女人結婚，那麼丈夫名字以 A 開頭的所有夫婦都屬於 (A, A) 這一類型，並且他們占所有夫婦的 $\frac{1}{20}$。然而，更真實的假設是，人們不會根據他們名字的第一個字母來選擇配偶。所以這兩個事件之間沒有關係，即丈夫名字的第一個字母和妻子名字的第一個字母是獨立的事件。那麼夫婦的名字都以 A 開頭的機率是多少?丈夫與妻子的名字以 A 開頭的機率都是 $\frac{1}{20}$，而兩事件是獨立。因此，夫妻的名字屬於 (A, A) 類的機率是 $\frac{1}{20}$ 的 $\frac{1}{20}$，即 $\frac{1}{20} \times \frac{1}{20} = \frac{1}{400}$。

　　這個例子說明了一個原則：當兩個事件 E, F 是獨立時，它們同時發生的機率是它們各自發生機率的乘積，即

$$P(E \cap F) = P(E)P(F)$$

讓我們以此來觀察性別和眼睛顏色的例子。性別有男 M 與女 W，眼睛的顏色有藍色 B 與非藍色 B^c。假設 $\frac{1}{3}$ 的人口是藍眼睛，即 $P(B) = \frac{1}{3}$，女性占有人口的 $\frac{1}{2}$，即 $P(W) = \frac{1}{2}$。假設兩事件 W 與 B

是獨立的，那麼女性又是藍眼睛者所占的比例，即機率，就是

$$P(W \cap B) = P(W)P(B) = \frac{1}{2} \times \frac{1}{3} = \frac{1}{6}$$

同樣，丟兩個骰子都得到 6 的機率是每一個骰子都各擲出 6 的機率之乘積，即：$\frac{1}{6} \times \frac{1}{6} = \frac{1}{36}$。

正相關與負相關

如果兩個事件具有因果關聯，那麼發生一個事件就會改變另一個事件的機率，此時我們就說事件是「相依的 (dependent)」。如果第一個事件的發生增加了另一個事件發生的機率，我們就說它們是**正相關** (positive correlation)，例如，金髮和藍眼睛呈現正相關。如果一個事件的發生降低了另一個事件的發生機率，我們就說它們是**負相關** (negative correlation)，金髮與褐色眼睛呈現負相關。（譯者註：設兩事件為 E_1 與 E_2，正相關是指 $P(E_2 | E_1) > P(E_2)$，而負相關是指 $P(E_2 | E_1) < P(E_2)$。）

　　如果兩個事件為正相關，那麼兩個事件同時發生的機率大於它們各自發生機率的乘積。例如，藍眼睛和金髮的正相關表示著，如果 $\frac{1}{3}$ 的人口是金髮，$\frac{1}{2}$ 是藍眼睛，那麼超過 $\frac{1}{6}$ 的人口將是金髮與藍眼。作為一個極端的例子，假設所有金髮的人都有藍眼睛。在這種情況下，金髮藍眼睛的集合與金髮的集合相同，機率是 $\frac{1}{3}$，超過 $\frac{1}{6}$。（譯者註：假設金髮為 G，藍眼為 B，則 G 與 B 正相關是指 $P(B | G) > P(B)$。於是有 $P(B \cap G) = P(G)P(B | G) > P(G)P(B)$。）

為什麼雙生質數猜測幾乎肯定是正確的？

雙生質數猜測表示，存在有無窮多個自然數 n，使得 n 與 $n+2$ 都是質數。為什麼數學家相信它呢？要理解這一點，讓我們解釋一下，例如，在 1 到 1,000,000 之間為什麼有許多對的雙生質數。

祕密就在於 n 的質數性與 $n+2$ 的質數性沒有明顯的關聯，應該是獨立的。101 是質數的事實沒有理由認為 103 也是質數，或者反過來。如前所述，在 1 到 1,000,000（百萬）之間有大約 78,000 個質數，這表示在這個範圍內大約每 13 個數中有 1 個質數。換句話說，高達百萬個數中有 $\frac{1}{13}$ 是質數。如果 n 是質數且 $n+2$ 為質數之間沒有關聯的話，那麼對於這些質數的大約 $\frac{1}{13}$，$n+2$ 也是質數。因此，n 與 $n+2$ 都是質數的 n 在首一百萬的部分是 $\frac{1}{13}$ 的 $\frac{1}{13}$，即是 $\frac{1}{13} \times \frac{1}{13} = \frac{1}{169}$。換句話說，對於 1 和 1,000,000 之間的數大約有 $\frac{1}{169}$，n 與 $n+2$ 都是質數（約有 6,000 對雙生質數）。因此，在獨立性的假設下，在 1 與 1,000,000 之間，應該有大約 6,000 對的雙生質數。

雙生質數猜測，一些餘音

事實上是更多，有 8,169 對的雙生質數。這表示獨立性的假設不精準。事實上，機運有利於雙生質數。原因是 n 為質數與 $n+2$ 為質數，這兩個事件實際上是相依的，並且正相關。在 1 與 1,000,000 之間，若 n 為質數則有更大的機會 $n+2$ 也為質數。因為質數並不是均勻分布在 1 到 1,000,000 之間。它們更集中在比較小的數之中。在 1 到 1,000 之間

大約有 $\frac{1}{6}$ 是質數，但是在 1 到 1,000,000 之間大約有 $\frac{1}{13}$ 是質數，還記得嗎？因此，如果我們知道 n 是質數，那麼有比較大的機率，它是小一點的數。於是 $n+2$ 也是小一點的數（記住，我們所談論的數是在 1 到 1,000,000 之間，加上 2 並不影響），這增加了 $n+2$ 是質數的機會。由此得出，在 1 和 1,000,000 之間，大於 $\frac{1}{169}$ 的數滿足這兩個條件，而讓 n 和 $n+2$ 是質數。

從百萬到無窮

在 1 與 1,000,000（百萬）之間有 8,169 對雙生質數。類似的計算顯示，在 1 到 10,000,000（千萬）之間可能包含超過 50,000 對的雙生質數（實際數量是 58,980）。這意味著，從 1,000,000 增到 10,000,000 時，增加了許多新的雙生質數。同樣，從 10,000,000 到 100,000,000（一億）之間，又有新的雙生質數。每一步都會出現新的雙生質數，這意味著雙生質數有無限多對。

讓我重複一遍：這個論證所依據的假設，n 的質數性與 $n+2$ 的質數性之間沒有負相關，並不是堅實的成立。因此，這個論點並不構成一個證明，它只是提供一個很好的理由來相信這個猜測是對的。

第 II 篇
數學家與詩人如何思考

訴說所有的真理，但要傾斜地訴說它們。

美國女詩人艾米莉

我們必須訴說真理，整個真理，但是要間接地說，繞圈子說，傾斜地說，因為真理太耀眼，會讓我們目眩或震撼，不理解或壓頂。傾斜 (slant) 與下一章要講的隱晦 (oblique) 意思相近。

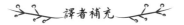

凝視夏空
即是詩，它從不在書本中。
真詩飛逝！

無法預知晨曦何時到來，
於是我將每一扇門打開，
它是有羽如鳥，
或者有濤如岸？

艾米莉

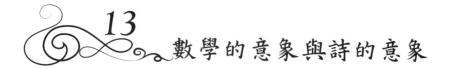

13 數學的意象與詩的意象

言辭

> 如果一個人心中有焦慮，就讓他訴說吧。
>
> 《格言 12:25》

在我的職業生涯後期，我作了部分的改變，我開始教初等學校的數學。我投注所有的熱情和新的想法。特別地，我相信直接經驗與直覺的重要性。我認為如果孩子們有直接實踐的經驗，那麼抽象就會自己形成。我很快就發現自己是多麼的錯誤，我忽略了中間的一個關鍵：言辭 (words)。人類知識的建立是一層再蓋上另一層，而言辭則是將它們凝結在一起的水泥。對一個概念的理解總是從直觀開始，但為了建立接下來的更上一層，需要透過精確的架構把理解鞏固。人們必須使用言辭的威力來建造知識的摩天大樓。這裡有一個相關的祕密：訴說你學數學時，曾經遇過的困難，對他人是有幫助的，你不但能得到心靈的釋放而且還能得到同情的共鳴。同樣重要的是，你用言辭重新整理你的問題，這有助於知識的定位。讓你下一次可以從你上次停下來的地方開始。

～≫譯者註≪～

作者把他教初等學校（小學）的經驗寫成一本書：*Arithmetic for Parents*, World Scientific, 2015. 這在以色列是一本暢銷書，此書的觀點與本書有許多類似的地方。

但言辭只是思考的鷹架，而不是它的引擎。純粹的口頭思想是無益的。這就是為什麼抽象的言辭無法觸及思想的根源和情感的深處。為了真正達到人們內心的思想和情感，必須先要形成意象 (images)。這表示，要建構意象而不是抽象，圖像才是接近思想的泉源。數學家知道這一點，詩人也知道。這就是為什麼意象在這兩個領域裡都占有如此重要地位的理由。

～≈ 譯者註 ≈～

愛因斯坦採用圖像式而不是文字式的思考。他說：「不論是說出的語言或寫出的文字，在我的思維機制中似乎都沒有扮演任何角色。扮演我的思想要素之物理實體，似乎是某些記號以及或多或少的清晰意象，它們可以"自動地"加以複製與組合。」

詩的圖像

> 一個推廣勝過千百個例子。
>
> 無名氏

> 一個例子勝過千百個推廣。
>
> 無名氏

以色列詩人 Itamar Yaoz-Kest (1934–) 在他的書 《詩的 12 個對話》裡，解釋歌與詩的差異：歌述說普遍性，詩述說特殊性。歌可能訴諸抽象，但是詩永遠是關切具體的個別事物。正如數學是透過例子，用圖形來傳遞訊息。下面著名的例子《流浪者的夜歌 II》：

> 一切的峰頂
> 沈靜，
> 一切的樹尖
> 全不見
> 絲兒風影。
> 小鳥們在林間無聲
> 等著罷：俄頃
> 你也要安靜。

德國詩人歌德 (Johann Wolfgang von Goethe, 1749–1832)
《流浪者的夜歌 II》，梁宗岱漢譯

在流浪中尋找自我發現並不是現代背包客發明的。在浪漫主義盛行的時期，許多詩讚美流浪漢的遠離文明去找尋內心的真相。Wilhelm Müller 的循環詩《冬之旅》，由舒伯特譜成音樂，述說著跟歌德的詩相同的故事。在那裡同樣是有流浪漢，受挫的情人，渴望死亡，這些正是《流浪者的夜歌 II》最後兩行所表達的意思。然而，歌德的詩是這種類型詩的先驅。順便一提，舒伯特也把這首詩兩度譜成音樂。

在詩的前六行看似描寫田園風光的景物：山峰、樹尖還有鳥兒。但事實上，卻是無比險惡的景象，一切看起來是如此的平靜。那不整齊的押韻增強了不安感，更反映了英雄的焦慮。然後，在最後一行中我們知道：那令人恐懼的寧靜反映出流浪漢對死亡的渴望，卻用渴望著休息來表現。因此，這首詩表達了四種意涵，其中兩種意涵是表面的：節奏和韻律。另外兩種意涵是屬於間接的：用休息的意象與隱喻來象徵死亡。

如同隱喻，詩營造出的畫面被用來作出間接性的表述，並且投射出對於外部世界的情緒和想法。David Fogel (1891–1944) 是一位意象大師。他出生在烏克蘭，除了在巴勒斯坦生活過一年之外，其餘都在

歐洲度過。這首詩《我的青春之城》是他最後兩部作品之一，在 1941 年寫下這首詩時，當時法國被納粹占領，面臨隨時可能遭受納粹追捕的命運，這是一個徹底絕望與隔離的國度。然而，這種情緒並不是只出現在他的這首詩中，他的所有詩都展現出這樣一種隔閡的感覺。

我年輕時的城市，
現在我已忘掉它們，
而你是其中的一個。

在一個雨水坑裡
打著赤腳，你還為我跳舞
但是你一定已經死了。

從我遙遠的童年
我多麼急促地奔跑，
直到老年我來到一座白色宮殿——
它寬敞而空無一人。

我羽翼未豐的雛步
我將永遠不會看到，
你不會，我也不會看到，
那時也不會看到。
時光的大篷車，
從遙遠的地方，
繼續向前行
從那裡到無何有之鄉
沒有我。

David Fogel, "The Cities of My Youth," in *Collected Poem*

　　這是一首代表失敗與妥協的詩，也是一首放棄老年人的放縱與追求慾望的詩。但詩中的離別不是用抽象來表達的。或許一位散文作家會寫「忘了我的青春」，但 Fogel 寫的卻是「忘了我的青春之城」。而老年和死亡都化成了一座白色的城堡。詩中最動人的是最後的畫面：車隊朝著地平線的另一端前行。他甚至是在這種黯淡的空虛中寫道：「沒有我」。

數學的圖像：數線

> 我如何思考我的問題？
> 用方法論與可觸知的方式。
>
> 德國數學家高斯

數學家同樣利用圖像來幫助思考。文字與公式只在事後用於溝通和確認。這裡有一個小例子：我的女兒 7 歲時，在浴缸中玩耍，那時我告訴她，必須在 3 分鐘內洗完澡，她說還需要 5 分鐘。於是，我們商量，得到的結論是她可以再多洗 4 分鐘。她明白我們在談論中所作的妥協，並且拋出：「那樣的話，我會在 100 分鐘內出來。」我出題目考她：如果妳能找到 3 到 100 之間的中間值，妳就可以停留那麼久的時間。她面不改色的說「51 又半分鐘」。可想而知，她不會洗那麼久的。問題是她如何計算出來的呢？她回答說：「100 的一半是 50，而 3 的一半是 1.5，加起來就是 51.5。」但是她無法解釋為什麼可以這樣計算──如何做到的？不能只說出正確答案。現在已過了多年，我仍然不知道她是怎麼做到的。但是這裡有一張圖，可能存在於她的潛意識中：

3 到 100 之間的中點就是 0 到 103 的中點

　　上圖告訴我們：3 到 100 的中點是 0 （在 3 的左邊三個單位） 到 103 （在 100 的右邊三個單位） 的中點；0 到 103 的中點是 103 的一半，等於 100 的一半加 3 的一半，就是我女兒所算得的答案 51.5。

　　這裡使用的圖解是數學中最有效率的工具之一：**數線**。這是一條直線，在相等的間隔點標上數。如果我們要把它的發明歸功於一個人，那就是法國主教與數學家 Nicholas Oresme (1323–1382)。事實上，數線是一個非常自然的想法，因為它是反向測量。測量長度量化了幾何，而數線則是做相反的工作：它引入數來幫助幾何，它給了數以形狀與幾何的概念。除了有大小，還表明了方向，例如：負數在 0 的左邊。

　　德國化學家 Friedrich August Kekule (1829–1896) 講述過一個關於圖像式思考的著名故事。Kekule 長期努力於了解苯的分子結構式（一種油性易燃的碳氫化合物）。他知道這個分子式 C_6H_6 含有六個碳原子與六個氫原子，但他搞不懂它們是怎麼連結在一起的。直到有一天晚上，他夢到一條蛇咬著自己的尾巴。當他醒來後，意識到碳原子要排成一個環圈。

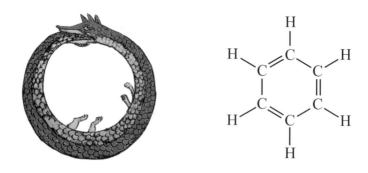

另一個有名的數學圖像是「文氏圖」，用於說明集合的概念。它顯示了這些集合元素的分布情形。下圖顯示三個集合為 A, B, C，其中陰影的區域表示在集合 C 中但不屬於 A 或 B 的元素。

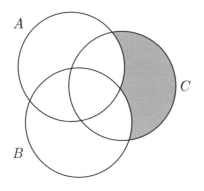

坐標系

一個圖就改變了數學思想，這沒有其它東西能夠超越笛卡兒 (René Descartes, 1596–1650) 的坐標系。"Cartesius" 是他的拉丁文名字，他是法國的數學家與哲學家，雖然他跟費馬 (Pierre de Fermat, 1601–

1665) 同時獨立發明坐標系，但是坐標系仍然用笛卡兒來命名。(在歷史上，同時發現並不罕見，這表示新想法在當時已瀰漫在空氣中。)

笛卡兒坐標系是實數線在二維的擴充，也就是在平面中有兩個軸，而不是一個。實數線是用一個數表示直線上一點，而我們在笛卡兒坐標系上是用一對的數代表平面上一個點。水平軸通常稱為「x 軸」，垂直軸稱為「y 軸」。每一對數 (x, y) 對應於從原點移動到達的點，即從原點向右移動 x 單位與向上移動 y 單位 (如果 x 是負值，則會向左移動，如果 y 是負值，則會向下移動) 的交點。例如：數對 (3, 2) 對應於在坐標軸平面上一個點，代表從原點向右移動 3 個單位，再向上移動 2 個單位，所到達的點：

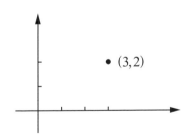

乍看之下，這不算是新的東西。在笛卡兒之前，水手們早已在使用這個系統。他們使用兩個數來標記地球上的點，就是所謂的**經度與緯度**。這個發現有什麼輝煌呢？笛卡兒的創新不是坐標系的發現，而是實現它的有用性。坐標中的數對描述了數之間的關聯。就像在生活中，數的關係通常也是成對地聯繫起來，而不是三個或四個一組。坐標系使我們能夠以圖形的方式描繪這些關係。

考慮一個數及其平方數所成的坐標 (x, x^2)，例如：(0, 0) 就是其

中之一。由於 $(-3)^2 = 9$，所以 (3, 9) 與 (-3, 9) 也都是。這還包括不是
整數的數對，例如：(0.5, 0.25)。如果我們在紙上畫出所有這些點，結
果就是一個「圖形」。在這個例子中，我們得到的圖形是**拋物線**。拋物
線上的每個點對應其中一個數對。用代數來表現就是方程式 $y = x^2$。

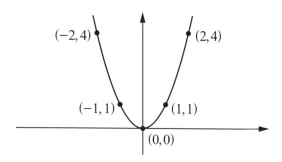

　　一個數和它的平方數的關係就是一個數值函數。在數對中的數值
函數有著特殊的關係：給定一個 x 對應唯一的一個 y。一個數值函數
的實例：在新墨西哥州聖大非和克羅拉多州丹佛市 (the Mile High
City) 間的高速公路上行駛，當你每開過一哩，就寫下你所在地的海拔
高度，顯示出海拔高度與離開聖大非的函數圖形。

　　如同函數一般，「平方」就像是輸出和輸入的機器。給它一個輸入
的數字，它就輸出該數字的平方。坐標系讓我們看得見這部機器是如
何運作的。它也可以讓我們看見不是函數的關係式。舉例來說：「從原
點 (0, 0) 到點 (x, y) 的距離是 1」是一個 x 和 y 的關係式。有很多對
的數對滿足這個條件，但也有些不能滿足，就像人群中有人有結婚，
有些人則沒有（或者在婚姻中，大部分的夫妻也不滿足這個關係）。藉
由畢氏定理，點 (0, 0) 到點 (x, y) 的距離為 $\sqrt{x^2 + y^2}$。所以從原點到

(x, y) 的距離是 1 等價於 $x^2 + y^2 = 1$，也就是只有符合 $x^2 + y^2 = 1$ 的 (x, y) 才會成立。很明顯的，滿足條件的點就是，以原點為圓心，且半徑為 1 的圓。所以，這個圓形描述了 $x^2 + y^2 = 1$。這代數方程式轉化為一條曲線，反之亦然。

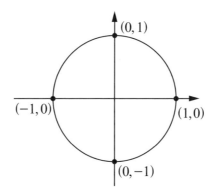

圓描述著 x 與 y 的關係。圓上一點 (x, y) 跟（原點）圓心 $(0, 0)$ 的距離為 1，所以由畢氏定理得知 $x^2 + y^2 = 1$.

　　注意，在 $x^2 + y^2 = 1$ 中，y 不是 x 的函數，一個函數必須給定每一個 x 值，精確地得到唯一的一個 y 值，但是在此方程式中並不成立。例如：當 $x = 0$ 時，得到兩個 y 值，分別是 1 和 -1。

　　感謝笛卡兒，這種問題變得輕鬆了，也更容易掌控了。想像一個圓，遠比理解一個代數方程式來的簡單。笛卡兒坐標系還有另外一個優點，事實上這是笛卡兒創立坐標系的最初目標。它以反向來呈現，就是用方程式來定義幾何圖形。例如：當我們描繪符合 $x = y$ 條件的 (x, y) 時，得到一直線；當我們在描繪符合 $xy = 1$ 條件的 (x, y) 時，得到二支雙曲線。

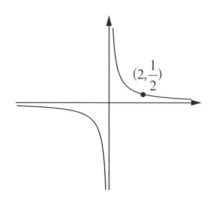

方程式 $xy = 1$ 的圖形，叫做「雙曲線」

代數學和幾何學都受益於這個坐標系。代數學可以利用幾何圖形的直觀特性，而幾何學則可以利用代數工具來運算。

法國數學家與哲學家笛卡兒。他選擇當職業軍人，但從未參加過戰役。他在荷蘭度過他的晚年，直到有一天瑞典女王請他去當她的私人導師。但是他無法承受瑞典嚴寒的冬天，不久後就死於肺炎。他對數學最著名的貢獻是創立笛卡兒坐標系，後人為紀念他，就以他的名字來命名。(©Wikimedia)

譯者補充

數學是一種語言，大自然的語言，第一外國語，也是上帝的語言，用來描述宇宙萬有的秩序和規律。畢氏說：「萬有皆數與音樂。」伽利略說：「自然之書是用數學語言寫成的。」數學語言包括有四種成分：

1. **自然語言** (Natural language)：日常生活所用的語言，發展得最長久。

2. **專技語言** (Technical language)：數學專有名詞，例如函數、方程式、質數、拓撲、……等，透過定義來呈現。

3. **符號語言** (Symbolic language)：符號的大量使用是數學最特別的地方。這是最重要的優點，因為透過符號才能掌握「普遍」，捕捉「無窮」。適當的創造符號與掌握符號，是掌握數學的祕訣。

4. **圖形語言** (Graphic language)：透過圖像與圖形來表達數學，化抽象為具體。幾何研究圖形，解析幾何告訴我們「數與形本一家」。

笛卡兒是近代哲學之父，方法論大師，發明解析幾何。我引述他的六條方法論的名言：

1. 我思故我在。

2. 數學讓人類精通且擁有大自然。

3. 我每解決一個問題，就形成一個規則，以備將來可以解決其它的問題。

4. 對於每個困難的問題，我盡可能分解成許多可解的部分，然後各個擊破。

5. 我下定決心要揚棄抽象的幾何，因為它所探討的問題，除了能鍛鍊頭腦之外，就沒有用處了。取而代之，我要研究那些以解釋大自然為目標的幾何學。

6. 用代數術語，可以把一條直線、一條曲線表為方程式，這對於我來說，美如荷馬史詩的《伊利亞德》。當我看到這個方程式，並且在我的手中解開了祕密，散發出無窮的真理，全都無疑義，全都永恆，全都燦爛，我相信我已擁有打開一切神祕之門的鑰匙。

> 科學嘗試以每個人都能懂的方式，告訴人們先前沒有人知道的
> 東西。而詩正好相反，把人人都懂的東西，說成人人都不懂。
>
> 英國物理學家兼數學家狄拉克

詩意謂著什麼？

要成為一首詩，文字必須隱晦。例如，這裡瑞秋 (Rachel Bluwstein, 1890–1931) 所寫的一首詩《當它來臨時》(When It Comes)：

　　　　　這個是它嗎？只有這個嗎？
　　　　　揚起不耐煩的眼睛，
　　　　　這，我的嘴唇，口渴想喝點東西，
　　　　　這樣可以溫暖寒夜的心？
　　　　　為此，我蔑視上帝
　　　　　並且踢開他的枷鎖？

　　　　　這個……不再……不再

　　　　　　　　　　　　　　　　　《當它來臨時》

那些了解瑞秋生平故事的人　（她以 Rachel 之名在希伯來讀者之間聞名）可以猜出這首詩寫的是什麼：一種被禁止且未實現的愛。但是要掌握詩要傳達的情緒或了解它的信息，我們不必知道細節：「跟一次激情的風暴相比，生命是什麼？」並且「有些事情超出日常生活的準繩。」這首詩的美在於最後一行的急轉彎。在此之前，這首詩是詩人的抗議，詩人的反對世界與反對她自己。然後，就像在一個笑話的妙

語，一切都被推翻了。她開始掌握自己的選擇和世界，並接受比她更強大的心靈力量。由於突然的洞悟，以及極簡的敘述「不再……不再」，我們將其視為輕柔的羽毛刷，並且可以假裝我們真的沒有聽到。

詩人瑞秋 1890 年出生於俄羅斯，然後在 1909 年移民到巴勒斯坦。她於 1931 年在特拉維夫 (Tel Aviv) 因肺結核去世，這是當時她回到俄羅斯處理第一次世界大戰的兒童難民時所感染的。(©Wikimedia)

譯者註

本章的名稱叫做 "The Power of Oblique"，其中的 "oblique" 有傾斜 (slant)、間接、隱晦的意思。幾何的兩條直線，既不平行又不垂直叫做傾斜。舉例來說：

我在追尋什麼
哦，我找到
oblique
沒說出的
隱藏的
什麼，何處
以及何時？

間接證明

間接性不只是詩的一種藝術手段，更是具有根本的重要性。一首詩永遠不會直接去述說。我們較不期望在數學中看到間接性。但是當它確實出現在那裡時，它總是成為美的源泉。

> 一位數學家和他的朋友在森林裡散步。
> 這位朋友吹噓說：
> 「當下我就知道這棵松樹上有多少根松針。」
> 「多少？」數學家問道。
> 「143,547，」朋友沒眨眼就回答。
> 於是數學家抓起一把松針，並且問道：
> 「現在我的手裡有多少根松針？」

　　這個小故事包含了數學的幾個特徵。首先是經濟：數學家為自己省下了去點算松針的麻煩。數學家知道朋友在吹牛，但不易去驗證。於是把問題轉化為讓對方猜測手中一把松針有多少根，這也不易猜中，但很容易加以驗證。把對方的吹牛翻轉過來，就有美感在其中。把問題丟給對手，逼著他為你工作，這樣可以節省能量，因此具有審美的意義。思想的經濟是一種樂趣的源泉。但最美的可能是數學家的**間接方法**。他沒有直接拆穿朋友的吹噓。他也不去計算松針的數目，故事最後的結局是，這個數目仍然是「雲深不知處」。

　　數學中一些最美麗的論證都屬於這種類型。不必具體指出來，就能證明某東西存在，沒有什麼比這更優雅。

無理數的無理數冪次方為有理數

我已經述說過 $\sqrt{2}$ 為無理數的故事。在 18 世紀，要證明某些數為無理數，發現了更多困難的證明方法。在 1737 年，歐拉證明了 e 為一個無理數（e 約為 2.718；我們將在稍後再回來討論這個數）。 1768 年 Lambert 證明了圓周率 π（圓周與直徑的比值）為無理數。

　　然後出現了更複雜的問題：例如，這兩個數字的乘積 πe，它是有理數嗎？我們沒有理由說是有理數。在某種意義上，正如前面已經提到的，無理數比有理數還要多（即使兩者皆無窮多），因此我們可以合理地假設 πe 是無理數。然而，在我們目前的知識狀態下，沒有辦法證明這一點。這很重要嗎？不是特別重要。我們關心它的唯一原因是，因為「它就在那裡」，或者正如希爾伯特所說的：「我們必須知道，我們必將知道。」這類問題很重要，因為解決它們而開發出的新方法可能會對其它問題有用。

譯者註

英國的登山專家 George Mallory (1886–1924) 被問及為何要登珠穆朗瑪峰（西方叫做 Everest）時，他給出一個經典的答案：

因為山就在那兒 (Because it is there.)

　　希爾伯特的原文（德文）是：Wir müssen wissen, wir werden wissen. 英文：We must know, we will know.。

　　希爾伯特應邀參加 1900 年在巴黎舉行的第二屆國際數學大會，發表一個重要的演講。他雄心萬丈，特別考慮到相對年輕的時代（當時

他只有 38 歲），決定為下一個世紀數學要面臨的挑戰做一個演講。他提出 23 個未解決的核心問題，作為 20 世紀數學家努力的方向。他的直覺證明是正確的。這些問題大多數在 20 世紀都得到了解決，而且大多數都是數學重要發展的出發點。例如，第 7 個問題是要證明某些數是無理數。例如，e^π 或 $2^{\sqrt{2}}$。這個問題在 1934 年由俄國數學家 Alexander Gelfond (1906–1968) 解決，從此 e^π 被稱為「Gelfond 數」。他也證明 $2^{\sqrt{2}}$ 為無理數，但是他必須跟另一位數學家 Theodor Schneider (1911 – 1988) 分享這個榮耀，因此這個數被稱為「Gelfond-Schneider 數」。那麼 π^e 呢？它也是無理數嗎？賭 π^e 是無理數，是一個安全的賭注，但要證明卻超出我們目前的知識程度。

譯者註

$\pi^e < 23 < e^\pi$，其中 $e^\pi \doteqdot 23.141,\ \pi^e \doteqdot 22.459$。

它們都是深刻的問題。但是這裡有一個更簡單的問題，要證明：存在有兩個無理數 a 與 b，使得 a^b 為有理數。確實有這樣的數。我們將在不知道 a 與 b 的值之下，證明這個結果。在開始證明之前，讓我提一個簡單的指數律演算規則：$(x^y)^z = x^{yz}$。底下我們用例子來「證明」這個規則：

$$(x^2)^3 = x^2 \times x^2 \times x^2 = (x \times x) \times (x \times x) \times (x \times x) = x^6 = x^{2 \times 3}$$

我們要證明下面的定理：

定理：*存在有兩個無理數 a 與 b，使得 a^b 為有理數。*

　　我們分成兩種情形來論述。首先，假設 $\sqrt{2}^{\sqrt{2}}$ 為有理數。在這種情況下，證明已經完成，因為 $\sqrt{2}$ 為無理數。因此，取 $a = b = \sqrt{2}$ 就滿足定理的條件，證畢。

　　第二種可能性，假設 $\sqrt{2}^{\sqrt{2}}$ 為無理數。考慮 $(\sqrt{2}^{\sqrt{2}})^{\sqrt{2}}$。根據上面提到的指數律：

$$(\sqrt{2}^{\sqrt{2}})^{\sqrt{2}} = \sqrt{2}^{\sqrt{2} \times \sqrt{2}} = \sqrt{2}^2 = 2$$

最後的等號只不過是平方根的定義。因此，我們再一次得到，無理數的無理數次方為有理數。這正是我們想要證明的。

　　事實上，我們知道哪一種情形是對的。根據 Gelfond 定理，$\sqrt{2}^{\sqrt{2}}$ 為無理數。我們的證明之妙處是，不必用到這個深刻的定理。

〜〜〜〜 譯者註 〜〜〜〜

存在有複數的複數次方為實數。例如 $i^i = e^{-\frac{\pi}{2}} \doteqdot 0.20788$。

鴿洞原理

這是另一個數學定理，叫做鴿洞原理，它是組合學裡的一個重要的點算技巧，但它的證明並不顯明。

在聖塔芭芭拉 (Santa Barbara) 存在有兩個人，頭上長著完全一樣多根的頭髮（如果你辯駁說這太簡單了，因為這兩個人可能都是完全的禿頭，那麼我們可以給予一個更強的命題：存在有兩個不是全禿的人，他們具有相同根數的頭髮）。

這個命題的證明是根據鴿洞原理 (the pigeonhole principle)：如果有 101 隻（或更多）的鴿子要進入 100 個巢穴，那至少有一個巢穴被超過一隻的鴿子占領，一般而言，如果鴿子的數量比巢穴的數量還多，則至少有兩隻鴿子必須擠在同一個巢穴裡。一般對於這個原理的說法是：假設 $m > n$，若有 m 個物件被分成 n 類時，則至少會有兩個物件被分在同一類裡。

這個單純的原理有任何價值嗎？如果巧妙地選擇這些巢穴，則答案是「肯定的」，讓我們回到聖塔芭芭拉人的頭髮上，我們知道一個人頭上最多可以有 100,000 根頭髮，當我正在寫這段文字的時候，聖塔芭芭拉大約有 104,000 人，所以我們可以保守的假設在城市裡至少有 100,001 個人不是全禿，根據頭上有幾根頭髮，把這些不是全禿的聖塔芭芭拉人進行分類（也就是，第一類只有一根頭髮，第二類只有兩根頭髮……以此類推），我們知道人的數量比類別的數量來得多，因此至少會有兩個人被分到同一類，也就是這兩個人有著相同數量的頭髮。

獨立的集合

考慮由數所組成的一個集合，我們說它是「獨立的」（這只是為此目標編造的一個術語）， 表示這集合中的任何一個數都不能被另一個數整除。舉例來說，集合 {3, 5, 6} 並不是獨立的，因為 3 可以整除 6。集合 {3, 4, 5} 則是獨立的，因為 5 不能被 3 整除，4 也不能被 3 整除。

問題：在 1 到 100 之間的數，一個獨立集合最多可以包含幾個數？

通常最好的建議是從簡單的例子開始思考。在這種情況下，我們用較小的數取代 100。越小越好，所以我們第一個就先找 1 到 1 之間能包含最多的數的獨立的組合。很明顯的，{1} 是一個獨立的集合，所以這個獨立的集合包含一個元素。那如果是 1 到 2 之間的數呢？集合 {1, 2} 並不是獨立集合（因為 2 可以被 1 整除），所以只能是 {1} 或 {2}──在這個情況下，獨立集合最多依舊只是 1 個數。那麼 1 到 3 之間呢？集合 {2, 3} 是獨立的，而且它包含 2 個元素。而 1 到 4 之間：集合 {2, 3} 與集合 {3, 4} 都是獨立的，而在這個範圍中並沒有包含 3 個元素的獨立集合；所以在這個情況下，最大個數為 2。接著我們直接跳到 10：集合 {6, 7, 8, 9, 10} 是獨立的，還有 {5, 6, 7, 8, 9} 與 {4, 5, 6, 7, 9}，每一個集合都有 5 個元素，經過簡單的檢查後，發現並沒有超過 5 個元素的獨立集合。

藉由這些例子，我們觀察歸納出：如果 n 為偶數，當範圍是 1 到 n 時，獨立集合所包含最多的元素個數就是 n 的一半。若 n 為奇數，則最大值就是 $n+1$ 的一半。舉例來說，在 1 到 100 之間尋找包含 50 個數的獨立集合是非常容易的，像是：{51, 52, 53, …, 99, 100} 或是 {49, 50, 51, …, 98, 99}。確實，並沒有包含多於 50 個元素的獨立集合。我們必須證明，含有 51 個數的集合並不是獨立的。正式來說：

在 1 到 100 之間，任何含有 51 個數的子集合，
必含有兩個數，其較小者可以整除較大者。

　　這個結果的證明要利用鴿洞原理，其技巧經常在於如何選定巢穴的問題。在 1 到 100 之間有 50 個奇數，它們每一個都將定義一個「巢穴」，亦即一個由數所組成的集合。

　　第一個「巢穴」：{1, 2, 4, 8, 16, 32, 64}——所有 2 的次方且小於
　　　　　　　　　　100 的數所組成的集合。

　　第二個「巢穴」：{3, 6, 12, 24, 48, 96}——所有 2 的次方乘以 3
　　　　　　　　　　（仍然是在 100 以內的數）。

　　第三個「巢穴」：{5, 10, 20, 40, 80}——所有 2 的次方乘以 5。

　　第四個「巢穴」：{7, 14, 28, 56}——所有 2 的次方乘以 7。

　　相應於一個給定奇數的「巢穴」，都是由一個奇數乘以 2 的冪次方所形成的（即乘以 1, 2, 4, 8, 16 …）。舉例來說，含有數 3 的「巢穴」包含的數有

$$3 \times 1 = 3, \ 3 \times 2 = 6, \ 3 \times 4 = 12, \ 3 \times 8 = 24, \ 3 \times 16 = 48, \ 3 \times 32 = 96$$

（當然不能超過 100）。含有 25 的「巢穴」包含的數為 25, 50 與 100；而含有 49 的「巢穴」則包含 49 本身與 98（49 乘以 4 大於 100，不能加進來）。因此我們的「巢穴」看起來如下：

{1, 2, 4, 8, 16, 32, 64}（1 乘以 2 的冪次方）

{3, 6, 12, 24, 48, 96}（3 乘以 2 的乘冪）

{5, 10, 20, 40, 80}（5 乘以 2 的乘冪）

{7, 14, 28, 56}（7 乘以 2 的乘冪）

....

在 1 到 100 中有 50 個奇數，所以有 50 個「巢穴」。而每一個介於 1 到 100 的數字都會出現在其中一個「巢穴」中。例如：哪個「巢穴」會包含 92 這個數？我們把 92 除以 2 會得到偶數 46，再除以 2 會得到奇數 23。所以 $92 = 23 \times 2^2$，也因為這樣，92 會出現在數 23 的「巢穴」中。

現在回想一下我們要達成的目標：要在任何含有 51 個小於 100 的數之中找到兩個數，使得其中一個數能整除另一個數。這 51 個數落在 50 個「巢穴」中，根據鴿洞原理，那麼至少會有兩個數落在同一個「巢穴」中。但是如果這兩個數落在同一個「巢穴」中，就代表較大的數會被較小的數整除。舉例來說：因為 $12 = 3 \times 2^2 = 3 \times 4$ 並且 $96 = 3 \times 2^5 = 3 \times 32$，所以 12 與 96 落在同一個「巢穴」中。因為 4 整除 32，所以 12 也整除 96。

互質的數

有人告訴匈牙利偉大數學家艾迪胥，有位 12 歲的神童 Lajos Pósa，已經學會了高等數學。艾迪胥邀請這位年輕的 Pósa 一起用餐並且問他：「在 1 到 100 之間的數任意選出 51 個數，證明其中必有兩個數是互質的。」（兩個數若除了 1 以外沒有別的公因數，則稱這兩個數為互質。例如：5 和 9 不能被大於 1 的任何數整除，所以它們互質。因為 9 和 12 有公因數 3，所以這兩數並非互質。）Pósa 將埋首於餐碗的頭抬起來並且說：「在 1 到 100 之間的任何 51 個數裡，會有兩個接續的數。」兩個接續的正整數自然是互質的。舉例來說，如果一個較小的數能被 3 整除，則下一個正整數（較小的數 +1）就不能被 3 整除。

　　鴿洞原理也成功應用在這裡。要證明「在 1 到 100 之間的任何 51 個數裡會有兩個接續的數」 最簡單的方法就是將 1 到 100 分成 50 個接續的「巢穴」中：

$$\{1, 2\}, \{3, 4\}, \{5, 6\}, \cdots, \{99, 100\}$$

要從 50 個 「巢穴」 中挑出 51 個數，則必有兩個數屬於同一個 「巢穴」，代表它們是接續的，從而是互質的。

　　Pósa 在年輕時代就停止做數學研究。艾迪胥習慣稱那些拋棄研究的數學家為「死亡」。但 Pósa 其實活得好好的，他一生奉獻於培育資優的孩子，並且造就了許多世代的傑出數學家。

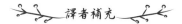

譯者補充

希爾伯特的五句名言：

　　1. 了解大自然與生命是人類最高貴的任務。

　　2. 沒有具體問題放在心中的追尋方法，多數情況是徒勞無功的。

　　3. 做數學的藝術在於找到那個特例，它含有所有推廣的胚芽。

　　4. 數學是研究無窮的學問。

　　5. 數學分析學是無窮的交響曲。

　　數學中最美麗的歐拉公式 (Euler's formula)：$e^{\pi i} + 1 = 0$ （這有對數學家做問卷的統計調查），它把五個重要數連結起來：0, 1 代表算術，i 代表代數學，π 代表幾何學，e 代表分析學。結合著四個數學分枝。

15 濃縮

詩歌令人無法否認的一個優點：
比起散文，詩是用字少而說得多。

　　　　　　　　　　法國作家與哲學家伏爾泰

數學令人無法否認的一個優點：
比起任何科學，數學是用字少而說得多。

　　　　　　　　　David Eugene Smith (1860–1944)

我沒時間寫短信，
所以我寫一封長信給你。

　　　法國數學家與哲學家巴斯卡 (Blaise Pascal, 1623–1662)

詩的德文寫成 "Dichtung"，代表「濃縮」的意思。一首短短的詩可以含納全世界。美國詩人龐德 (Ezra Pound, 1885–1972) 說：「偉大的文學只是語言負載著最多可能的意義。」濃縮是詩的神奇技巧之一。當許多想法同時呈現時，我們並沒有追隨所有發生的事情，它們出現得太快以至於無法用意識把它們全都記錄下來。

　　任意舉一首詩都可以作為例子。我選《氣味》這首詩，這是向一位被遺忘的詩人致敬的。作者 Noah Stern (1912–1960) 出生於 1912 年的立陶宛，就學於美國，並且在 1940 年代遷居巴勒斯坦。他很少出版詩作，唯一的一本詩集是在他死後才出版。他度過了一個痛苦的人生，曾因謀殺未遂而入獄五年，最後在 1960 年自殺。

祕密生長的紫丁香
在某處靜靜開著紫藍色的紫丁香
提醒我對這片土地的幻象
以及對於另一片的失望。
但強烈的柳橙氣味
已經帶來快樂與煎熬，
已經給予卻又令人窒息，如目擊者們
生活在這片家園。

Noah Stern，《氣味》，取自《在雲之間》

俄國小說家 Vladimir Nabokov 說，氣味是記憶的衣架。這兩種氣味喚醒了情感的各種世界。很多的氣味被壓縮在兩種對比之中，一邊是紫丁香微妙的、隱密的氣味，以及其昏暗的藍色；另一邊是柳橙的強烈氣味以及在南方國度中耀眼的陽光。柳橙的氣味，像母親寬大胸懷般的給予，但是卻也令人窒息。詩人還表達了他的複雜心理，對於家園，他使用了「這片家園」的矛盾詞，這樣好像不只有一個家園而已。

濃縮是所有藝術的祕密。濃縮使我們能夠一次又一次地回去欣賞同一件藝術作品，在每次的品味中都可以發現一些新事物。我們從不會因此感到厭倦，因為有太多我們未了解透徹的事物在發生。日本俳句詩人松尾芭蕉 (Matsuo Basho, 1644–1694) 宣稱：「好的俳句只顯露它的一部分，我們永遠不會對只顯露一半的詩感到厭倦。」一本冗長的書籍可以用精簡的幾行詩句來表達，或貝多芬將千言萬語寫在每個音符中，這些一點都不讓人感到意外。

但這個情況難道不是「從旁觀者的角度來看」嗎？一首詩或奏鳴曲所隱含的內容真的那麼多或僅僅是詮釋者的發明呢？一首詩或奏鳴曲寫得非常快，甚至連大量創作而為人所知的貝多芬，他寫出奏鳴曲

的時間也比專注於分析曲子的時間還要短。他的心中真的有著這麼多想法嗎？答案是完全正確——不只是因為他是貝多芬，還因為我們內心運轉的速度遠比我們所想的還要快。一個短短的夢可以包含整個世界，每個想法都是經由複雜的過程形成的。

為什麼人們不了解數學？

> 我對一年級的班級發表這個演講已經超過 25 年了。
> 你必會認為他們現在開始要理解數學了。
>
> 英國數學家小林

我們仍然沒有觸碰到最周知的、最洩氣的數學和詩所共有的特性：那就是它們的「困難度」。詩和數學都難以理解。學生們感到困難的原因幾乎總是一樣的：教師並沒有把他所知道的東西都說出來，他跳掉了許多事情。即使他察覺到有些更為重要的事情，也沒有時間將其解釋清楚。

濃縮就是用單一個敘述來傳達大量的資訊。這種類型的濃縮是造成詩與數學讓人難以理解的原因。但是這兩者之間有個顯著的差異：數學是垂直的濃縮，然而詩是水平的濃縮。換句話說，數學有很多階層，像是樓層一樣，一層建在另一層上面，卻用單一的敘述來濃縮。在詩中，有很多不同的想法，不需要分出次序，但它們被濃縮在一個詩句中。這就是為什麼對詩的模糊理解不會造成傷害，但是若對數學理解的不透徹，就會在建造下個階層時得到痛擊的報應。

譯者註

詩這個字的結構就是「寸土之言」，用最少的文字表達盡可能多的情感，並且把最佳的句子安排在最佳的位置。詩是存有的神思。一首詩含納著無窮，任何人都可以讀到不同的意思。數學的一個公式或定理也濃縮了無窮的訊息。

人生有兩棵樹——知識樹與生命樹。數學兼具有這兩棵樹的一些特性——數學家 Lipman Bers (1914–1993) 說：「數學如詩。什麼是一首好詩？一首偉大的詩？——用最少的文字表達最多的感情和思想。在這個意味下，數學公式都是好詩，例如 $e^{i\pi} + 1 = 0$ 或者 $\int e^x dx = e^x + C$。」

16 數學的乒乓遊戲

「如何解題？」

> 高斯就像一頭狡猾的狐狸用他的
> 尾巴抹掉他在沙地上走過的足跡。
>
> 挪威數學家阿貝爾 (Niels Abel, 1802–1829)

> 為什麼理解數學那麼困難？
> 因為數學家用例子來思考，
> 但告訴你的卻是抽象結果。
>
> 無名氏

數學家如何思考？不論是幸運或不幸運，這並沒有規則可循。匈牙利裔的美國數學家波里亞 (George Pólya, 1887–1985) 寫有一本名著《如何解題》，他親切地描述數學解題的策略。雖然這本書充滿著洞察力，但是讀它並不能保證解題一定成功。學習解題的方法並不是讀別人的解題，而是你自己要親自去解題。（譯者註：就像學習游泳的方法，不是站在岸邊看別人游泳，而是自己親自下水去游泳。）

　　儘管沒有神奇的公式可循，但數學思想的一個基本特徵仍然可以用語言來描述：它就像在例子和一般化之間，在有形和抽象之間的乒乓遊戲一樣。從例子中我們可以建立推廣，但在下一個階段中，還會再遇到其他例子，從而導致更準確的一般化推廣。乒乓球遊戲並不是對稱的，因為一個方向是往「抽象」拍擊，這牽涉到如魔術般的神奇；

而相反方向是往「例子」拍擊，這樣的比喻較具體踏實。一般化的步驟是沒有規則可循的。我們需要啟示或洞悟，突然發現世界上隱藏的秩序。換句話說，這就是**數學之美**的展現。

　　這也許不驚奇，但是完全可以類推到詩的情形。詩同樣是在進行著一場乒乓球的遊戲，球在「具體」和「抽象」之間不斷地拍打（見第 18 章）。但是有一個基本的區別：在詩中，遊戲是在詩的內部進行，抽象與具體共存於同一個詩行裡。對照來看，在數學中我們只看到遊戲結束後的抽象結果，看不到做數學時的思考過程。只有在跟解答奮鬥的階段才看得到活生生的數學乒乓過程。最後一個拍擊得到的解答是抽象的，這就是我們旁觀者所看到的一切。讀者就好像是一個遲到的人，在大多數角色已經退場之後，他才最後一個到達。在本章開頭我們所引用的第一個嘉言，是阿貝爾對高斯的指控；還有第二個嘉言是無名氏對數學家的抱怨。

～譯者註～

數學的求知活動分成兩個階段：創造的階段與完成後的階段。前一階段才有真正精彩的思想活動，包括嘗試改誤 (trial and error)、思考具體的例子、摸索、類推、推廣、……，終於從困頓到明朗，接著以合乎邏輯的形式，乾淨俐落地寫出來，這必然是抽象的、形式化的。讀者沒有看到前一階段的思考奮鬥過程，只看到後一階段完成後的整潔數學。

　　所以，為了觀看數學思考的乒乓遊戲，我們必須抓住時機。舉個例子來說，讓我告訴你一個 16 歲的孩子如何發現幾何級數（即等比級數）的求和公式。在下一章中，我們將給出它一個簡短而優雅的證明（沒有證明，數學就還未完成）。此地高中生的解法雖然有點不優雅，

但這是數學探索的一個很好例子，也提供我們一睹數學思考的方式與過程。

幾何級數的求和

有兩種常見類型的數列：**算術數列與幾何數列**。前者是任何後項減去前項都是一個固定數，叫做公差；而後者是任何後項除以前項也都是一個固定數，叫做公比。幾何數列的名稱來自於每一項都是其相鄰兩項的幾何平均，即每一項的平方都是其兩相鄰項的乘積。例如：在數列：2, 4, 8, 16, 32, 64 中，公比為 2，而 4 的兩相鄰項是 2 與 8，並且有 $4^2 = 2 \times 8$。在〈發現或發明〉（第 5 章）這一章中，我們學習了算術數列（即等差數列）的求和公式（當我們求這些項的和時，我們實際上是稱之為「級數」）。還有一個幾何數列的求和公式，我試圖帶領學生發現這個公式。

譯者註

自己發現的一個答案，勝過別人告訴你的一千個答案。

我向這位學生提出數列：2, 4, 8, 16, 32, 64, …, 1024，並且問他各項之間的規律是什麼？他很快就發現：每一項都是其前一項的兩倍。又問他是否可以計算出此數列的和，即求

$$2 + 4 + 8 + 16 + 32 + 64 + 128 + 256 + 512 + 1024$$

學生已經熟悉算術數列的求和方法：先找出中間值，再乘以項數。面對幾何數列的求和他也想要如法泡製，所以要先找出中間值。為此，觀察特例：2, 4, 8，只有三項。中間值為 5，乘以項數 3，得到 $5 \times 3 = 15$，這並不等於 $14 = 2 + 4 + 8$。因此，此法行不通，必須想其它的辦法。

概念上的飛躍

我期望學生嘗試一些特殊例子。我認為他會計算和 2 + 4, 2 + 4 + 8 等，並且找出其規律。但是他的洞察力讓我感到驚訝，這是由數學發現打造的材料所組成的。他建議說：「讓我們以相反的順序來看看求和。」亦即：$1024 + 512 + 256 + 128 + 64 + 32 + 16 + 8 + 4 + 2$。他說：「這大約是 2048」（通常在開始解題時，可能會發生什麼事情，在他的腦海裡是朦朧的）。也就是說，他猜測大約是第一項 (1024) 的兩倍。為什麼呢？他說，比較兩數：2048 與

$$S = 1024 + 512 + 256 + 128 + 64 + 32 + 16 + 8 + 4 + 2$$

逐步考慮它們的差距：

2048 與 1024 的差距是 1024

2048 與 1024 + 512 的差距是 512

2048 與 1024 + 512 + 256 的差距是 256

....

2048 與 $S = 1024 + 512 + 256 + \cdots + 2$ 的差距是 2

所以 $S = 2048 - 2 = 2046$。我認為這個學生在他的腦海裡有如下的圖：

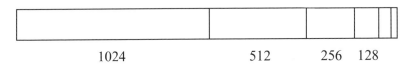

              1024   512   256 128

整個「桿子」的長度是 2048。從左側開始，每一步都會是距離桿子的右端一半距離。在每個階段，跟 2048 的距離都是上一步的一半。

    學生在這裡找到了公比為 2 的幾何數列之求和公式：這個和是最後一項的兩倍，減去第一項。假設數列的第一項為 a_1，第二項為 a_2；一般而言，第 n 項表示為 a_n。學生算得的求和公式為 $2a_n - a_1$。我讓學生自己檢驗公式，透過檢驗最簡單的例子：數列只有單獨一項時會成立嗎？當 $n = 1$ 時，整個數列只有 a_1 一項，它既是第一項也是最後一項。代入學生發現的公式，總和為 $2a_1 - a_1 = a_1$，這是成立的。事實上，由單一個項組成的數列之和就是該項。對於只有兩項的數列也成立，請讀者自己驗證。

譯者補充

我們提供另外兩種方法：

1. 令 $S = 2 + 4 + 8 + \cdots + 512 + 1024 = 2^1 + 2^2 + 2^3 + \cdots + 2^9 + 2^{10}$，兩邊同加 2

$$2 + S = 2 + 2^1 + 2^2 + 2^3 + \cdots + 2^9 + 2^{10}$$
$$= 2^2 + 2^2 + 2^3 + \cdots + 2^9 + 2^{10}$$
$$= 2^3 + 2^3 + \cdots + 2^9 + 2^{10}$$
$$= \cdots = 2^{10} + 2^{10} = 2^{11} = 2048$$

所以 $S = 2048 - 2 = 2046$。但是只有公比為 2 的情形才適用此法。

2. 先觀察，再歸納出規律：

$$2 = 2 = 2^2 - 2$$

$$2 + 2^2 = 6 = 2^3 - 2$$

$$2 + 2^2 + 2^3 = 14 = 2^4 - 2$$

$$2 + 2^2 + 2^3 + 2^4 = 30 = 2^5 - 2$$

$$\vdots$$

$$2^1 + 2^2 + 2^3 + \cdots + 2^9 + 2^{10} = 2^{11} - 2$$

再多一步

接下來我們繼續探討公比為 3 的幾何數列。考慮公比為 3（即每一項是前一項的 3 倍）的級數，例如：$10 + 30 + 90 + 270 + 810$ 的和是多少呢？我讓學生嘗試他的推廣能力。如果公比為 2 時，總和為 $2a_n - a_1$，那麼當公比為 3 時，總和應該是 $3a_n - a_1$ 嗎？即最後項的三倍減去首項。這是一個明智的猜測，即使是有經驗的研究人員都會這樣做。我讓他檢查一個例子。他想採用我給的例子：$10 + 30 + 90 + 270 + 810$，但我鼓勵他用一個更簡單的例子。他看著級數中單個項 10（記住規則嗎？沒有太簡單的例子）。它的和顯然是 10，而根據他猜測的公式是 $3a_n - a_1$，和應該是 $3 \times 10 - 10 = 20$（在這種情形，最後一項是 10，也是第一項）。所以，他猜測的公式不對。這個學生想放棄這條思路，但在這裡我幫助他。當公比為 2 時，在公式中出現 2 可能不是偶然的。我鼓勵他多嘗試幾個例子，再來比較他的猜測公式：$3a_n - a_1$ 與實際的結果。採用級數 $10 + 30 + 90 + 270 + 810$，並總結其初始幾項的和：

正確的總和	由錯誤公式給出的總和
$10 + 30 = 40$	$3 \times 30 - 10 = 80$
$10 + 30 + 90 = 130$	$3 \times 90 - 10 = 260$

這些就足以讓學生發現規律：他猜測的公式算出的答案是正確值的兩倍。他必須把公式除以 2，亦即求和的公式為 $\dfrac{3a_n - a_1}{2}$。透過幾個例子的快速檢驗，顯示學生猜測的這個公式確實是有效的。

一般化

現在要猜測公比為 q 的一般幾何級數之求和公式就很容易了。如果當公比為 3 時，公式為 $\dfrac{3a_n - a_1}{2}$，那麼當公比為 q 時，公式必須是 $\dfrac{qa_n - a_1}{q - 1}$ （推測公式中分母的 2 應是 $q - 1$，即 q 用 3 代入）。對於 $q = 2$ 時，我們得到了 $\dfrac{2a_n - a_1}{2 - 1}$。由於 $2 - 1 = 1$，除以 1 並不會改變數字，所以跟我們之前找到的公式 $2a_n - a_1$ 是吻合的。這解釋了學生錯誤猜測的根源：在 $q = 2$ 的情況下，分母是隱藏起來了。很難猜測分母中有 1，實際上是 $2 - 1$。

然後，我給學生另外一個例子：$1 + 10 + 100 + 1000 + 10000$，他可以很容易地用公式檢查正確與否。根據我們發現的公式，當 $q = 10$ 時，總和為 $\dfrac{10 \times 10000 - 1}{9} = 99999 : 9 = 11111$，這顯然是對的。

正式的證明

光是猜測是不夠的，我們必須給出證明。在這一點上，學生展現了驚人的數學成熟度。他告訴我，要證明就需要寫出數列的各項。這並不難。如果首項為 a_1，因為第二項是首項的 q 倍，所以第二項是為 a_1q。類似地，第三項是第二項的 q 倍，所以第三項為 a_1q^2；同理第四項為 a_1q^3。推廣至一般情形，第 k 項為 a_1q^{k-1}。如果數列有 n 項，則最後一項為 a_1q^{n-1}，並且數列的和為 $a_1 + a_1q + a_1q^2 + \cdots + a_1q^{n-1}$。我們的猜測，這個和為 $\dfrac{qa_n - a_1}{q - 1}$。由於 $a_n = a_1q^{n-1}$，所以

$$\frac{qa_n - a_1}{q - 1} = \frac{q(a_1q^{n-1}) - a_1}{q - 1} = a_1\frac{q^n - 1}{q - 1}$$

因此，我們必須證明：

$$a_1 + a_1q + a_1q^2 + \cdots + a_1q^{n-1} = a_1\frac{q^n - 1}{q - 1}$$

等式兩邊同除以 a_1 就得到

(∗) $$1 + q + q^2 + \cdots + q^{n-1} = \frac{q^n - 1}{q - 1}$$

等式 (∗) 可以利用兩邊同乘以 $q - 1$ 來證明，也就是我們要證明：

$$(q - 1)(1 + q + q^2 + \cdots + q^{n-1}) = q^n - 1$$

經過簡單的代數計算

$$\begin{aligned}
\text{左項} &= (q - 1)(1 + q + q^2 + \cdots + q^{n-1}) \\
&= q \times (1 + q + q^2 + \cdots + q^{n-1}) - (1 + q + q^2 + \cdots + q^{n-1}) \\
&= q + q^2 + q^3 + \cdots + q^n - (1 + q + q^2 + \cdots + q^{n-1}) \\
&= q^n - 1 = \text{右項}
\end{aligned}$$

所以 (∗) 式恆成立，證畢。

譯者補充

數學的探索發現過程大致是：

問題 → 思想總動員 → 特例思考 → 發現 → 檢驗 → 否證或證明。

若是被某個例子否證（此例子叫做反例），就要從頭再走一趟探索過程，但是現在是帶著經驗與眼光而來。若是得到證明，那就可以如阿基米德那樣，喊著：Eureka! Eureka!（我發現了！我發現了！）

17 上帝之書

> 為什麼數是美的？這就像問貝多芬第九交響曲為什麼是美一樣。
> 如果你看不出來，沒有人能告訴你。我知道數很美。如果它們
> 不美，那就沒有什麼東西是美了。
>
> 數學家艾迪胥

我們已經遇過匈牙利的數學家艾迪胥 (Paul Erdös, 1913–1996)。 他在自己的時代成為傳奇人物，不僅因為他是一位偉大的數學家，而且因為他獨特的生活方式。他將數學家的形象塑造成脫離現實的形象。他完全活在數學裡，對現實生活的興趣是有限與抽象的。他手裡只帶著一個皮包，依靠它處理所有事物。他看著一部電影時，不停地困擾著他的鄰座，問道：「他們在影幕上做什麼？」他非常喜歡寫信，通常以「令 n 為一個自然數……」來開頭。

艾迪胥的工作風格也是獨一無二的。在他的許多旅行中，他經常跟邀請他的主人合作。在生命後期，他經過多年的自我流放後，返回匈牙利，他參加了布達佩斯的匈牙利研究院，讓他在數學的聖地與朝聖者一起工作。他擁有比歷史上任何其他數學家更多的研究夥伴。他傾向於思考基本問題，他的偉大在於他能夠理解隱藏在明顯簡單問題中的深度。他早期的一個重大貢獻就是提出質數定理的一個初等證明。正如在〈簡單猜測具有複雜的證明〉（第 11 章）這一章中所提到的，這個定理早在 60 年前由 Hadamard 和 Louis 採用先進而高等的手法已經證明了。多年以來，找尋一個基本的證明是數學家的聖杯。但這個發現並沒有讓艾迪胥開心，反而讓他感到很心痛。他與一位挪威數學

家 Atle Selberg (1917–2007) 合作證明了這個定理，並且按照他的習慣，他立即告訴了整個世界。這導致 Selberg 誤認為艾迪胥要獨攬功勞。因此，兩人之間爆發爭吵迴盪至今。

　　艾迪胥擁有自己的私人語言，並且使用特殊的詞彙。他稱女人為「老闆」，男人為「奴隸」，兒童為 "epsilons"（希臘字母 ε，微積分用來表示很小的數）。每當遇到一個小孩時，他都會問孩子的年齡，向其展示一個玩硬幣的魔術，然後他繼續向更高的領域邁進。作為一位出生於第一次世界大戰的人，同時親眼目睹第二次世界大戰的恐怖，他稱上帝為「至高無上的法西斯主義者」。

數學家艾迪胥是匈牙利人，也是世界公民。(©Wikimedia)

從上帝之書偷看到的一個證明：等比級數的和

艾迪胥曾經談論過「上帝之書」(the book in heaven)，其中包括所有的數學定理，每一個定理都有最優雅的證法。「從這本書」得來的數學證明可以得到最大的讚美。我的一位朋友發現了一個證明，其後又發表

了一個明智的評論：在上帝之書中的證明並不是如此產生的。它們很少從發明者的額頭上就看到完全的美麗，通常需要精心的設計才能成為珍珠。

在上一章中，我描述了學生發現幾何數列求和公式的歷程。這是一個漫長的過程，證明並不特別優雅。經過刨光後，下面就是正式的證明。

問題：我們要計算總和 $a + aq + aq^2 + \cdots + aq^{n-1}$。

令其總和為 S，其祕訣在於把 S 乘以 q 時，每一項都往後移，成為下一項：

$$S = a + aq + aq^2 + \cdots + aq^{n-1}$$
$$qS = \quad\; aq + aq^2 + \cdots + aq^{n-1} + aq^n$$

後式減去前式，得到
$$(q-1)S = aq^n - a = a(q^n - 1)$$
兩邊同除以 $q - 1$，得到
$$S = \frac{a(q^n - 1)}{q - 1} = \frac{a(1 - q^n)}{1 - q}$$
這就是所欲求的公式。

注意，q 不能等於 1。當 $q = 2$ 時，$S = a(2^n - 1)$，這在上一章中我們已看過另有美妙而特殊的求和方法（見上一章）。

譯者補充

1. 當公比 q 滿足 $|q| < 1$ 時，$\lim\limits_{n \to \infty} q^n = 0$，於是得到無窮等比級數求和的公式

$$a + aq + aq^2 + \cdots + aq^{n-1} + \cdots = \frac{a}{1-q}$$

2. 等差數列的求和公式

假設首項為 a，公差為 d，則第 2 項為 $a+d$，第 3 項為 $a+2d$，……，第 n 項為 $a+(n-1)d$。令 n 個項之和為 T，再將各項翻轉，就得到

$$T = \qquad a \qquad + \qquad (a+d) \quad + \cdots + [a+(n-2)d] + [a+(n-1)d]$$
$$T = [a+(n-1)d] + [a+(n-2)d] + \cdots + \qquad (a+d) \qquad + \qquad a$$

上下兩兩對齊，兩式相加再除以 2，就得到

$$T = \frac{n}{2}[2a + (n-1)d]$$

3. 等差數列的求和是：倒過來相加，再折半。

等比數列的求和是：乘以公比向右平移一項，再相減。

艾迪胥被稱譽為「只愛數的人」(the Man who loved only numbers)。我們再引用他的幾則嘉言跟讀者分享。

1. 一位數學家是一部機器，可以將咖啡轉變成定理。
2. 生命的目的就是去證明以及去猜測。
3. 我在這裡：我的頭腦敞開了。
4. 上帝有一本巨書 (the Big Book)，所有數學定理的美麗證明都寫在裡面。你不需要相信上帝，但是你要相信存在有這本書。
5. 在對的地方與對的時間並不夠。你必須還要在對的時間打開心靈。

18 詩的乒乓遊戲

～～ 譯者補充 ～～

本章與第 16 章的提要

數學與詩的類推，兩者都好像是在打乒乓球。球在具體與抽象、特殊
與普遍之間打過來又打過去。但是最終的一拍，兩者恰好反其道而
行：數學是從具體打向抽象，詩是從抽象打向具體。換言之，數學用
抽象與普遍來表現真理，詩用特殊與具體來表現普遍人性。

在問題與答案之間的乒乓遊戲
無聲
除了：
乒……乒……

　　　　　Yehuda Amichai, "The Visit of the Queen of Sheba,"
　　　　　Two Hopes Distant, trans. by Chana Bloch and Stephen Mitchell

詩是另一個領域，在抽象與具體之間作遊戲，但具體才是詩的根本。
如同數學那樣，詩也是在個別與推廣之間，在真實與抽象之間，在高
與低之間，不斷地進行對話。例如隱喻就是這種遊戲：從個別到普遍，
然後再反過來。當詩人想到一個特定的東西時，譬如他的情人的眼睛。
在興奮之餘，他想要給予普遍的表現，他想到了眼睛的普遍特性：柔
軟或形狀。接著他又重回到世俗的世界，把它具體表現出來：「妳的眼
睛像鴿子。」注意到，這是往具象方向作最後的揮拍，是詩的乒乓遊
戲：詩心用具象表達出來，詩在這個方向上向前行。這跟數學的乒乓
遊戲正好是處在直徑的兩極端，最後總是：數學向著抽象，而詩向著

具體揮拍出去。

數學與詩兩者像來回傳遞非常快速的乒乓遊戲一般，為了跟隨它們，我們必須稍微凍結時間，以慢動作來觀察遊戲。所以我們特別從 Amichai 所寫的一首詩取出一小段來作為本章開頭的引文。這首詩是根據所羅門王和 Sheba 女王互相提出精神挑戰的傳說寫成的。對於 Amichai 而言，這些是愛情捉迷藏遊戲替代了真實的東西。然而在詩的結尾，隱喻卻瓦解了。這象徵著戀人面臨分手時心情的崩潰。

> 所有的文字遊戲
> 散落在他們的箱子外面。
> 箱子留下了間隙
> 在遊戲之後。
>
> 問題的鋸屑，
> 寓言的外殼破裂，
> 來自羊毛狀的包裝材料
> 箱子裡易碎的謎語。
>
> 重重的包裝紙
> 包著愛和策略。
> 使用過的解答沙沙作響
> 在思想的垃圾堆中。
>
> 長期的問題
> 捲曲在卷軸上，
> 魔術師的技巧被鎖在籠子裡。
> 象棋的馬被帶回馬廄。
>
> Yehuda Amichai, "The Visit of the Queen of Sheba,"
> trans. by Chana Bloch and Stephen Mitchell

這個遊戲描述有如外殼傳遞了錯失機會的感覺——兩位主角都想要超越外殼的某種東西，但是他們都沒有實現。

隱藏的乒乓

在大屠殺中最強大的詩歌之一是 Dan Pagis 寫的《一位倖存者》：

> 在此地的車上
> 我是夏娃
> 與我的兒子亞伯在一起
> 如果你看到我的大男孩
> 該隱，亞當的兒子
> 告訴他，我……
>
> Dan Pagis, "Written in Pencil in the Sealed
> Railway-Car," *Transformation*, trans. Stephen Mitchell

詩的力量根源是顯而易見的，在末尾使用了空白來表達，卻讓讀者懸疑在空中，迫使他回到詩的初衷。但是這首詩的真正意義在於其它不那麼明顯的內涵裡：在抽象與具體之間的遊戲裡。在這六行短詩句中，至少有三次轉變方向。

這首詩開始於有形的事物。它訴說一位特殊的女人，她不是在道路上的一輛普通汽車上，而是在那一輛特殊的車上。甚至這首詩的標題就想透過寫作細節來傳達這一點。我們很喜歡這輛車上的女人，同時傾向忘記她名字的隱喻性。然而，這首詩不僅是關於特定女人所受的折磨，而且詩人給了她一個代表所有女人的名字（夏娃），還有她的兒子也代表所有的孩子。

從這個普遍化的角度來看，這首詩又回到了具體：「如果你看到我

的大男孩」——一位真正的母親是會用簡單又樸實的方式來談論她的兒子。這些話隱藏了難以置信的一件事情——夏娃仍然將該隱視為一個兒子，甚至是一個可愛的兒子。正如我們所知，詩可以承受未解決的矛盾。

在這個節骨眼上，具體的使用「兒子」這一詞，用抽象的含義，被當成「亞當之子」（希伯來語，亞當是意味著一個獨特而體面的人）。這顯然具有諷刺的意味——每個人最後都可以把該隱說成是一個體面的人。然而除了表達抽象意義外，「亞當之子」一詞也有隱含具體的意義。Pagis 提醒我們，隱喻的「亞當之子」也有具體的來源——實際上有一個人是亞當的兒子。在詩的研究中，這被稱為「隱喻具體化」或「具體化」。

然而，乒乓球比賽還沒結束，因為「亞當之子」的隱喻還另有含義：「你是你父親的兒子，但不是我的。」夫妻常開玩笑說：「看看你的兒子幹了什麼好事！」但夏娃陳述的是一個很嚴肅的事實——乒乓球比賽最後的一個拍擊。

19 守恆定律

你最好把披薩切成四片，因為我還沒有餓到要吃六片。

棒球選手 Yogi Berra (1925–2015)

守恆定律是說，在事物的改變中，有些東西保持不變，例如質量、大小或比值。舉個具體例子，如果你移動你坐著的椅子，它的位置改變了，但是它的各部位關係沒有改變，還有椅子的形狀也沒有變。有了這樣簡單的守恆定律，讓我們可以賦予世界一些恆常項。當然還有更抽象的守恆定律，例如數量的守恆：如果你拿四顆石頭將它們排成一列，然後重新把它們排列成正方形，它們的總數並沒有改變。更抽象的是物質的守恆定律。瑞士認知心理學家皮亞傑 (Jean Piaget, 1896–1980) 做了一個著名的實驗，把水從較寬廣的容器倒入較狹窄的容器中。自然液面在狹窄的容器中比較高，當小孩被問到水的量是否改變了，他們回答：是的，現在水更多了，即使只是水在他們的眼前從一個容器倒入另一個容器。

最廣為人知的守恆定律來自物理學：質量、能量、動量（質量乘以速度），還有角動量的守恆。在物理學中有許多問題，可以利用這些守恆定律來求得漂亮的解答。比較少為人所知的是，守恆律也在數學中使用。差別只是，這些守恆的東西較不明確，但是它卻讓這些守恆定律變得更加美麗。

通常分數的擴分或約分不看作是守恆定律。拿一塊蛋糕，將它分成兩半，並不是如 Yogi Berra 所想的，蛋糕的總量不變，並且我們仍然擁有一個蛋糕。事實上，這表示 1（一個蛋糕）等於 2 個一半，或

用數學公式來表示：$1 = \dfrac{2}{2}$。同樣地，如果我們拿 $\dfrac{2}{3}$ 個蛋糕，將兩個三分之一各平分成五塊，蛋糕的總量不變。但現在每個三分之一變成五塊，每一塊都是 $\dfrac{1}{15}$ 個蛋糕，換句話說，兩個三分之一組成十個十五分之一，所以我們得到 $\dfrac{2}{3} = \dfrac{10}{15}$。

⋙⋙ 譯者註 ⋘⋘

Yogi Berra 是前美國職棒大聯盟的捕手、教練與球隊經理，球員生涯主要效力於紐約洋基隊。曾 18 次入選全明星賽，獲得 10 次世界大賽冠軍。

如何利用守恆定律來變富有

美國的 Sam Lloyd (1841–1911) 永遠是最足智多謀的謎題創造者之一。他創作各種棋戲謎題與數學謎題，他是業餘的魔術師與職業的腹語師，能夠把腹語應用在他的魔術表演中。他的兒子會「閱讀」他心中的想法，其實是 Lloyd 藉由他兒子的嘴巴說出想法而已。他在 1875 年創作出（有人說那是從別的地方借鑑過來的）他最有名的謎題「15 的益智謎題」(15 puzzle)，這個謎題到今日仍然非常受歡迎。它是由一個正方形 $4 \times 4 = 16$ 個小盤子構成，裡面放置 15 個小塊標記著 1 到 15 的數，剩下右下方一小塊保持空著的狀態。鄰接空格周邊上、下、左、右的小塊都可以滑移到這個空位上。這個謎題的遊戲規則是，藉著不斷滑移小塊，讓整個盤面得到合乎目標的狀位。

問題：在遊戲規則之下，將 14 與 15 這兩塊對調。

為了促銷，Lloyd 提供 1,000 美元的獎金（在當時這是一個很大的數目，但仍不足以引起懷疑）頒給可以將 14 與 15 對調位置的人。

原來的狀位

甚至 Lloyd 自己都無法想像這個遊戲的挑戰所造成的影響。它所造成的狂熱甚至超越一個世紀之後（1974 年）匈牙利人發明的魔術方塊。人們離開工作崗位，手拿著遊戲盤，走在街上隨處玩（彷彿今日普世的滑手機）。法國甚至制定法律禁止在工作時玩這個遊戲。Lloyd 致富了，並且他沒有損失任何一分錢，因為他知道這個挑戰是無解的。19 世紀時，訊息並不像今日網路時代傳播得那麼快。不知道為什麼，居然沒有記者想到要去請教數學家，因此在經過很久之後，人們才理解到要完成 Lloyd 的挑戰是不可能的。

要達成的狀位

在我提出證明這個遊戲為不可能之前，首先我要為本書的讀者們提出一個類似的簡單遊戲，這是 Lloyd 挑戰的縮小版本。從 1 開始，每一步都加上或減去兩個連續整數的乘積，按此要領玩下去。任何人只要到達 10 就可以得到 100 美元的獎金。

例子

第一步，由 1 出發，加上兩個連續整數的乘積 $2 \times 3 = 6$，得到 $1 + 6 = 7$。第二步，我們可以再加上 $4 \times 5 = 20$，得到新的和為 27。第三步，減去 $3 \times 4 = 12$，得到 15。

有沒有更好的選擇方式可以到達 10？答案是沒有，我的 100 美元不會被領走，為什麼？要贏得這場遊戲是不可能的，因為有一個守恆定律：保持數的奇偶性。這個遊戲永遠只會保持為奇數。這是因為兩連續整數必有一數為偶數，所以乘積也必為偶數。而我們從奇數 1 開始，不斷加上或減去一個偶數。當一個奇數加或減一個偶數，結果一直都會是奇數，所以不可能達到偶數 10。

譯者註

證明 $\sqrt{2}$ 不是有理數時，也是利用數的奇偶性論證，參見第 8 章。

　　類似的事情也在 Lloyd 的挑戰遊戲中發生。在盤面上的每一種布置狀態都牽涉到「一個數」，此數在遊戲過程中都保持為「奇數」。然而，要讓 14 與 15 互換，該數會變成「偶數」。因此，Lloyd 的獎金不會被領走。差異只在於 Lloyd 的挑戰和我剛才所提出的簡單遊戲相比，Lloyd 的數隱藏得比較深，是按照整盤小塊上的成對的數，其「順序改變」的次數來決定（我馬上會解釋這個術語的意思）。現在讓我們沿著板子以某種順序移動小塊，如下圖所示：

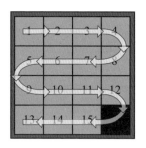

　　即使每一小塊都移動後，我們按照箭頭指示的順序遞補上去，從圖中我們可以看到，當我們沿著箭頭前進時，依序通過的數為

(*)　　　　　　1, 2, 3, 4, 8, 7, 6, 5, 9, 10, 11, 12, 15, 14, 13

「順序改變」是指一對的數大小順序不正確。舉例來說：在這個數列中，3 與 10 是由小至大，我們就說「順序正確」。但 5 與 8 是，8 在前，5 在後，「順序改變」了，因為正確的順序是要 8 在 5 的後面。又

因 15 出現在 14 的前面，它們也是「順序改變」。那麼總共有多少次的「順序改變」呢？下面我列出在數列中所有「順序改變」的數對：

(7, 8), (6, 8), (5, 8), (6, 7), (5, 7), (5, 6), (14, 15), (13, 15), (13, 14)

一共有 9 對，所以數列 (∗) 有 9 個順序改變的數對 （當然是順著箭頭）。在此情況下，為了少一個「順序改變」，我們就將 14 和 15 對調，則數對 (14, 15) 就成為「順序正確」（看著箭頭，你就會了解為何如此）。這個改變後的情況就是我們所要的目標，會產生 8 個「順序改變」。這裡的祕密是「順序改變」的次數一直維持為奇數，但是 8 個「順序改變」是偶數，這是一個矛盾。

為什麼「順序改變」的次數一直維持著奇數呢？這跟上述我提出的簡單遊戲例子理由完全相同：每一次移動的「順序改變」次數都是加上或減去一個偶數。請看下面移動的例子：

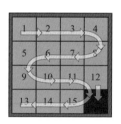

這個移動沒有增加也沒有減少任何「順序改變」，舉例來說明：按蠕動順序中，在移動之前，12 出現在 13 之前，正如它在移動之後也一樣。這對其他數對也是成立的。簡單來說，小方塊的順序在蠕動線中是沒有改變的。

這裡有另一個例子：

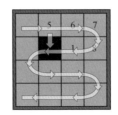

在上圖中，5 的移動相對於 6, 7, 8, 1 才產生「順序改變」。它增加了 3 個順序改變（5 變成跟 6, 7, 8 不按序），又減掉一個順序改變（5 從原本跟 1 不同順序，變成跟 1 同序），所以這次移動增加了 3－1＝2 個「順序改變」。這是一個典型的例子：在每次的移動中，按蠕動線移動方塊，其「順序改變」數為 0, 2, 4 或 6。所以，「順序改變」的次數為偶數。這表示如果開始的盤面布置，其「順序改變」數是奇數（準確地說是 9），那麼在整個遊戲過程中，它將一直保持為奇數。因此，永遠無法達成 Lloyd 遊戲所設定的目標。

內在真理的守恆

在古希臘的許多悲劇裡，英雄試圖要逃避他的惡運，但到最後卻明白了一件事：惡運一直追趕著他。最著名的悲劇是 Sophocles 所著的《伊底帕斯王》（*Oedipus Rex*，西元前 427）。伊底帕斯 (Oedipus) 是底比斯城 (Thebes) 國王 Laius 與皇后 Jocasta 所生的兒子。國王聽神諭說，伊底帕斯將來會弒父娶母。國王為了阻止預言的發生，把嬰兒放到山裡丟棄，然而奉命執行的牧人心生憐憫，偷偷將嬰兒轉送給在 Corinth 王國工作的牧人，Corinth 國的牧人再將嬰兒送給 Corinth 國王 Polybus 與皇后 Merope，國王與皇后把他當作親生兒子般扶養長大。

有天，年輕王子伊底帕斯得知一個預言說，他將會弒父娶母。這個令人驚悚的預言讓他決定要逃離 Corinth 城 （他不知道 Polybus 與 Merope 只是他的養父母）。在他離去的途中，在一個交叉路口遇見了一位男子，並且在一場格鬥中殺死這位男子。在這之後，他抵達了底比斯城，在城門口有個長著人面獅身的怪物 Sphinx，對城裡的居民造成危害。只有解開怪獸的謎題，牠才會開放行人通行。伊底帕斯解開了謎題，居民感激他便將國王的遺孀 Jocasta 許配給他，並且繼承王位。多年後，猖獗的鼠疫在 Thebes 城裡肆虐，而神諭表示這場災難伊底帕斯本人也有責任，並且向國王展露實情：他是一個棄兒，父母親把他交給一個牧人，再轉交給 Corinth 國王與皇后撫養，Jocasta 聽到的預言跟伊底帕斯聽到的完全相同；而他在交叉路口殺死的男人正好是他的生父。

～〉譯者註〈～

當時在底比斯城，怪獸 Sphinx 會抓住每個路過的人提問一個謎語：「什麼動物早晨用四條腿走路，中午用兩條腿走路，晚上用三條腿走路？」如果對方無法解答牠的謎題，便會將對方撕裂吞食。

現代的思想將命運視為內在力量與願望的象徵（另外一說：一個人的性格決定他的命運）。希臘著名的詩人 Constantine Cavafy (1863–1933) 在他的許多詩中都傳達了這項訊息。 他具有這個想法最著名的一首詩可能是《城市》，這是有關於「內在真理的守恆」的一首詩。這首詩說，外在的環境並不如你真正是誰那麼重要。

你說：「我會去另一片土地，
我會到另一個海。
找到另一個城市，比這個更好。
每一次的努力都受到命運的譴責；
而我的心就像一具屍體——被埋葬了。
我的心會在這片廢墟停留多久？
無論我在哪裡轉動我的眼睛，無論我可能喜歡
我看到的卻是我生命中黑色廢墟，
在那裡度過了這麼多年，被摧殘再被浪費。」

你找不到新的土地，
你也找不到其他的海洋。
這座城市跟隨著你。你漫遊於
相同的街道。你會在同一個街區老去；
在這些相同的房子裡，你會變得灰暗。
你永遠會抵達這座城市。
到另一片土地——不要想望——
你沒有船隻，也沒有道路。
當你消磨你的時日
你把它們丟散到整個世界，所有的海洋。

Constantine Cavafy，《城市》

從 1863 年到 1933 年，Cavafy 遠離歐洲的文化中心，居住在埃及的亞歷山卓 (Alexandria)。他是位同性戀者，一名公務員。他用希臘文寫作，而只有在他去世後才獲得名聲。這些瑣事所告訴我們的，少於我們從詩裡學到的。

　　是什麼讓這首詩如此美麗？不是內容，因為內容不新，而是傳達的方式。弔詭的訊息是，內在的威力被表達到外界。不是「你仍然是你」，而是「街道仍然是相同的街道」；不是「你無法逃離自己」，而是「城市會緊跟著你」；不是「不管你在哪裡」，而是「你會在同一個房子變老」。

住在亞歷山卓的希臘詩人 Constantine Cavafy
(©Wikimedia)

譯者補充

葉雖多，根是一；
經歷浮華的青春歲月，
我在陽光底下舞弄花葉；
如今且看我花落果成真。
　　　　葉慈 (W.B.Yeats, 1865–1939)，《智慧與時而來》

20 來自某處的念頭

無庸置疑
沒有符號與明喻就沒有詩。
Nathan Alterman, "Footnote Poem," *Summer Festival*

隱喻

有時候當廣播報導有關失蹤人口的外表描述時，我總是想知道他們為什麼要做白工。有一些描述根本是沒有用的，例如：「瘦弱、矮小、強壯的身材、藍眼睛、灰頭髮、小鼻子、大約 60 歲……」，這些真的沒什麼幫助。除了一些凸出的特徵，否則只透過文字描述要來辨認失蹤人口是很困難的。但如果廣播這麼說：「失蹤者長相貌似小布希 (Bush Jr.) 總統。」這將會大幅提升成功的機率。單獨一把鑰匙就可以打開一扇門，但是一大堆文字卻叫不開門。

祕密是什麼？在我們的腦海裡，對於小布希的外表有完整且清楚的印象。透過分解成細節，相當於將一棟建築物一塊磚接一塊磚地移開，再做重建工作。移動一塊塊如磚般的小細節，就能重建他的長相。然而若我們把它變成一大塊，其中包含所有細節，就可以為我們省下許多力氣。這就像有人要我們傳達一個人的外表卻不能分成細節敘述。這不是唯一的優點：多數人的臉部特徵太過於微妙，以致難以用文字來描述。換句話說，有時甚至是移動磚塊都有問題。有些事物只能透過「類推」來表達。

「隱喻」(metaphor) 是詩最有名的兩個設計之一。隱喻在希臘文中的意思是「轉換到另一個地方」。我們要描述某種情境，會藉助另一

種情境，通常是較為人熟悉的模式。這是傳遞訊息的有力工具。它甚至經常使用在日常用語中。我們的生活充滿著隱喻，例如：「它落到了我的腿上」(it fell into my lap)、「一顆如金子的心」(a heart of gold)，甚至「充滿了隱喻」(saturated with metaphors) 也是它自身的一種隱喻。我們看看有多少的訊息被壓縮成一個個字，那種感覺就像水充滿了土壤。「隱喻」存在於每個地方，就像水與地球是不可分割的，「隱喻」被充分的吸收並含在生活用語中，甚至到達我們不會注意到它的地步。正如同人們之間的相似性對於描述很有幫助，比喻能夠傳達想法，這是普通言語無法做到的。英國的詩歌研究家與詩人（也是數學出身）的 Thomas Ernest Hulme (1883–1917)，在第一次世界大戰時被殺害。他曾宣稱：「平凡的言語基本上是不準確的，只有藉助新的比喻，也就是藉由想像，才可以達到精準。」被傳遞的事物其特徵有時太微妙，而不能以任何其它方式來傳達，這解釋了為何隱喻會流行於詩中。例如，以色列的民族詩人 Hayyim Nahman Bialik (1873–1934) 的詩 《在暮色中》(In the Twilight)，其中的一段就含有隱喻：

> 我們留下來，沒有朋友或夥伴
> 就像沙漠中的兩朵花。
>
> Hayyim Nahman Bialik，《在暮色中》

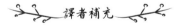

譯者補充

比喻有兩種：明喻與隱喻 (simile and metaphor)，又叫做直喻與暗喻，前者直接，後者間接。例如「心腸如石 (a heart like stone)」是明喻，「真理的大海 (the ocean of truth)」是隱喻。

這整個世界是由一枝筆描繪而成（這是另一個隱喻）。「沙漠中的兩朵花」傳達了孤獨感、對愛情的渴望、愛人之間只看到彼此、他們的弱點、他們對彼此以及他們對社會態度的對照──而我確定還漏了許多其它意思。沙漠是人們熟悉的景象，能在我們心中激起很大的情感與聯想，而且在傳達意境上，跟抽象的形容詞比起來，是一個較成功又能締造戲劇性的效果。底下是同一首詩中的一個淒美的隱喻：

> 一個接著一個消失不見，如快要天亮的星星
> 我那祕密般的慾望消逝得無影無蹤。
>
> Hayyim Nahman Bialik，《一個接著一個消失不見》

若要描繪一個人在孩童時期的慾望在人生過程中的消失，而他卻無法說出這是在何時發生的，難道有比太陽升起讓星星消逝更有效的描寫方式嗎?這種隱喻的特殊美感也是藉由呈現我們所熟悉的景象來表達。無預期的察覺到，在難以辨別詩意的詩句中，看出當星星在白天消逝時的美感。而兩個真相的效果一起展現時所帶來的影響，比兩者分別影響的總和還要大。

　　但如果隱喻只有這樣的力量的話，還不會贏得它的特殊地位。它所具有的力量，真正祕密就藏在它的兩個意義中：可以有效的傳達訊息，又具有隱蔽的性質。這使得我們不用眼睛看，就能夠掌握事物。在討論完全不同的主題時，它也可以悄然的傳遞訊息給你。日常生活中的隱喻，扮演著類似的角色。例如：我們聽到從學校「脫隊(dropping out)」，若我們不細心注意這個表達所含的詩意，就不會感覺它其實是取代了較直接的詞，像是「離開」或「驅逐」。

　　間接表達對讀者起了很大的作用，而對作者的啟發也毫不遜色：

隱喻使作者能夠穿透到自己內心，並且跟他無法面對的問題搏鬥。例如，Dan Pagis (1930–1986) 面對童年時猶太人被大屠殺的記憶，他寫了一首詩跟它對抗，除了用這種方式之外，他不敢碰觸這段記憶。

> 從前我讀到一個故事
> 關於一隻蚱蜢有一天變老了，
> 一個綠色的探險家，在黃昏
> 遭蝙蝠吞噬。
>
> 在這之後，智慧的老貓頭鷹
> 發表了簡短的慰問演說：
> 蝙蝠也有權利謀生
> 而且還有很多蚱蜢存活下來。
>
> 在此之後，來到了最後：
> 一張空白頁。
>
> 四十年過去了。
> 仍然倚靠在空白頁上方，
> 我沒有力氣
> 闔上這本書。
>
> Dan Pagis, "The Story," *Synonyms*, trans. Stephen Mitchell

沒有一個人讀到最後一句時，能夠離開那個面對著空白頁的小大人——這是成年人面臨失去童年時，那種空無感的隱喻。這整首詩是建立在進入、離開一本書的主題上面。例如：「在此之後，來到」這句裡。其中有一段（貓頭鷹發表言論），他指的是故事裡發生的情節，而在下次出現時，他卻提到敘述之外的事情（最後空白頁）。這幾乎可算

是一場文字遊戲——相同語句具有不同涵意，在這種情況下甚至具有不同類型的意義。詩中另外一個角色，跟原本故事不相關又處處相關的例子，就是身為小孩的綠色蚱蜢（很明顯的，綠色代表著兩種意義），整首詩最令人有所感觸的地方就是讀故事的人當時還是小孩子，但後來不再是了，因為他的童年已消逝不見。

　　有效的隱喻總是濃縮的，也就是說，在喻體與喻源 (the tenor and the vehicle) 之間存在許多共同點與相似點。這種濃縮對隱喻的兩個角色：「訊息的轉移和隱藏」都有影響。一方面，同時傳播許多想法意味著溝通的有效率；而另一方面，當一次提供大量信息時，我們無法有意識地吸收所有信息，而且它大部分的吸收消化 (assimilation) 都是潛意識的。

✦ 譯者註 ✦

舉兩個例子：「蝴蝶如寫在天空的詩」。喻體 (tenor) 是「蝴蝶」，喻源是「天空的詩」。「時間在青春的臉上挖壕溝（莎士比亞語）」。喻體是「時間」，喻源是「挖壕溝」。抽象地說，A 如 B，喻體是 A，喻源是 B，把意義從 B 轉移到 A，這是從 B 到 A 的對應，$f : B \to A$。

　　數學跟詩一樣，靈感也常從一個領域引到另一個領域來出現。正如一個貼切的隱喻越精緻，它的喻體與喻源的距離就越遙遠，在數學中也是：如果靈感來自越遙遠的領域，那麼解決的方法會越優雅。數論常從意想不到的領域中得到靈感而聞名：例如幾何學、複數概念、微分學，事實上，幾乎是來自所有的其它數學領域。然而，為了要舉這種類型的例子，首先我們必須學習將數學分類為各個分支學門。

牛頓觀察到蘋果落地，就想像蘋果樹長到月亮一般高，月亮是掛在樹上的一顆蘋果，為什麼蘋果落地但月亮不落地？由此切入探索，想出「引力」的概念，並且創立「萬有引力定律」。從「蘋果」到「月亮」，再到「引力」與「萬有引力定律」，這是想像力的連結與創造。

又如，牛頓從物體的「運動現象」得到靈感，因為要描述運動的速度與所走的里程而創立「微積分」這一門偉大的數學。從「運動現象」到「微積分」是多麼遙遠，連結起來是多麼令人驚奇。

比喻或隱喻包括兩部分，喻體與喻源 (tenor and vehicle)，喻體 (tenor) 是作者要描述的主題，喻源 (vehicle) 是用來敘述意義的載具。我們舉莎士比亞 (William Shakespeare, 1564–1616) 在《皆大歡喜》(*As You Like It*) 中的一段為例：

> 世界是舞臺，
> 男人和女人都是演員；
> 他們都有各自的出場及下場。

其中的「世界」、「男人和女人」是喻體，「舞臺」、「演員」是喻源。

更深刻的隱喻，例如薛西弗斯 (Sisphus) 的希臘神話：薛西弗斯得罪了天神宙斯 (Zeus)，被罰從山腳下推巨石上山頂。但是，每當巨石抵達山頂時，馬上就會滾回山腳下，一切要重新開始。日復一日做著相同的工作，永遠沒有完成的一天。這塊石頭叫做「薛西弗斯之石」。

　　人生是喻體，永遠的推石過程是喻源。這個故事隱喻人生的命運：推石上山象徵人一生的辛苦工作，石頭永遠會滾回山腳下，象徵工作的徒勞。例如每天工作後，明天還是要做同樣的工作。掃地過後又要掃地，吃飽後又會餓，睡過後還要再睡，生生死死，永遠輪迴，沒有完成的一天。

　　人唯有勇敢地接受這個命運，肯定這個命運，我們不該問石頭能不能推到山頂上，而只肯定這個推石的過程，生命的意義藏在推石的過程之中。人為某一個目標獻身，然後用工作與創造活動來賦予生命的意義。

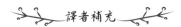

譯者補充

　　　一粒沙見一世界，
　　　一朵花觀一天堂。
　　　握無窮於手掌心，
　　　窺永恆於一瞬息。
　　英國詩人威廉布萊克 (William Blake, 1757–1827)

這段詩含有相當多的微積分要素。

21 數學的三種類型

現代數學包括幾十個領域，再細分成幾百個子領域。高斯在 19 世紀初，實際上是懂得當時的所有數學。希爾伯特在 20 世紀，即使沒有完全精通，也懂得當時的所有數學。然而在 21 世紀，一位數學家就只能懂得他那個時代的一小部分數學。即使數學又分成更多細微的分枝，但其主要領域仍然保持原樣。在這一章中，我想要描述更基本的數學分枝。

現代數學可以分成三個主要領域：連續數學、代數學以及離散數學。這樣的劃分當然並非窮盡。某些領域（例如幾何學或數理邏輯）還是很難精確地納入其中的任何一個領域。但這是一個有用的分類，並且基本上是正確的。

譯者註

常見的數學分類，最粗略是分成：純數學與應用數學。稍微細一點分成：代數學、幾何學、分析學、數學基礎（邏輯學與哲學）以及應用數學。本書作者的分類又有他自己的觀點。

連續數學 (Continuous mathematics)

連續數學關注的是沒有飛躍變化的事物。下面是一個連續問題的例子：

問題：有一隻貓和一隻老鼠在一個圓形的場地上。這些是數學貓和老鼠，也就是說，牠們都考慮成點。牠們不能選擇牠們的速率，意思是牠們都以相同的速率運動。另一方面，牠們可以自由選擇運動的方向。問貓能夠抓住老鼠嗎？見下圖。

　　這是一個典型的連續數學問題，答案由俄國與英國數學家 Abram Besicovitch (1891–1970) 給出證明：貓無法抓到老鼠，但牠可以任意地接近老鼠。換句話說，如果貓能伸出一隻爪子，無論爪子有多短，在足夠的時間後貓將會碰觸到老鼠。但是如果貓沒有爪子可以延伸，那麼貓只能任意靠近但無法抓住老鼠。貓能夠盡可能靠近的原因是，老鼠的移動不能永遠跟貓在相反的方向上，因為牠會碰到邊界的圍欄。儘管老鼠無法逃脫，但貓不能抓住老鼠的原因在於，當老鼠和貓彼此靠近時，老鼠幾乎可以直接逃離貓。

貓與老鼠在圓形場地上，牠們可以選擇運動的方向，但無法選擇速率——意思是說兩者以等速率運動。問：貓可以抓住老鼠嗎？

　　「盡可能地接近」是連續數學的本質。這個領域（微積分是典型代表）的核心概念是**極限** (limit)，這表示我們可以任意地接近，並且要多近就有多近。例如，考慮數列

$$0, 0.9, 0.99, 0.999, 0.9999, \cdots$$

每一項都不等於 1（事實上是小於 1），但它們趨近於 1。因此，1 是此數列的極限，意思是說，對於任何衡量接近的尺度（貓和老鼠問題中的爪子長度），從某一項開始之後，數列的所有項與 1 接近的程度都比這個尺度還要小。例如，從第四項開始後，所有的項跟 1 靠近的程度都小於 $\frac{1}{100}$。又如數列 1, $\frac{1}{2}$, $\frac{1}{3}$, $\frac{1}{4}$, … 的極限是 0，因為對於我們任意給定的接近尺度，從某一項之後，每一項跟 0 的差額都會小於這個尺度。例如，如果要求的接近的尺度在 $\frac{1}{1000}$ 之內，則數列從第 1,001 項起接近 0 的程度就會符合要求。

　　再給一個例子，仍然是取自連續數學：

問題：有一名修道士在上午 8 時，從山腳下出發，前往山頂的修道院。他不必然以均勻的速度步行，有時走得快，有時走得慢。他可能還會偶爾停下來欣賞風景。他在晚上到達修道院，祈禱完畢後入睡。第二天早晨 8 點，他又走同一條路下山，直到夜幕降臨時又回到山腳下。證明：在這條道路上存在有某個地點，修道士在這兩天到達此點的時間完全相同。

　　有些人在嘗試解決這個問題時，陷入了細節之中：修道士起先走得很慢，然後走很快？或者相反？他們試圖猜測這一點的位置。但這一切都無關緊要。為了解決這個問題，我們必須改變我們的觀點。我們不應該思考一個修道士在兩天的行程，而應該思考**兩個修道士在同一天的行程**。如果兩個人同時出發並走在同一條路上，一個上山，另一個下山，他們必然會相遇；「相遇」就表示在同一時間並且在同一個地點。這個答案基於一個非常直觀的定理，但仍然需要證明。它叫做「中間值定理」，其內容可以這樣表達：有個人乘坐電梯，從 2 樓到地下 2 樓的停車場，則必須經過 1 樓。這會是如此，因為乘坐電梯是一個連續的過程。如果電梯是跳躍的，也就是說，如果我們可以在一個點消失並且重新出現在另一個點上，那麼我們就可以從 2 樓跳過 1 樓，直接到達地下停車場。在一個連續的世界中，這是不可能的。

代數學

高中生花了那麼多的時間學代數，如果你問他們：什麼是代數？他們會咕噥地說，還不是學那些 x 和 y 的東西。它們是什麼呢？答案很簡單：它們只不過是代替數的符號，而高中代數就是用文字符號代替數（或者更確切地說，用字母代替數）而已。有兩種情況需要使用文字。第一種情形是，當一個數未知時，我們需要給它取一個記號名稱，然後在某些給定的資訊下去尋找它。例如，「某數加 1 等於 3」。採用文字符號來表示，可以寫成：$x+1=3$。此地的 x 稱為「未知數」。第二種情形是，當我們談論一般數時，必須給它一個名字。例如，採用下面的描述：「一個數加 1 乘以該數減 1 的乘積等於該數的平方減 1」。敘述相當囉嗦又笨拙，不是嗎？採用符號與公式來表達，不但簡短而

且更容易理解：$(x+1)(x-1)=x^2-1$。當一個字母 x 代表一般數時，它稱為「變數」。有了變數，要往函數概念發展就是順理成章。

古典代數學是古希臘人發展的，後來由印度人接續拓墾。根據他們的著作，波斯數學家花拉子密 (Al-Khwarizmi，約 780–850) 寫了一本書，取名為 *Al-Jabr*。後來透過它將代數傳入歐洲，轉變成為 "algebra"，從此 algebra 之名通行於世界。"Al-Jabr" 意指「平衡」、「還原」，表示透過在等式的兩側施以相同的運算以求解方程的技術。在很長一段時間裡，代數學家主要致力於求解方程。第一個非顯然的方程是求解二次方程，例如 $x^2-3x+2=0$。古巴比倫人和古埃及人已經知道解法 (配方法)，中國人也是如此。古希臘人在幾何學優先的思想下，透過幾何的手段解決了它 (這個例子在第 31 章〈不可能辦到的事情〉會再遇到)。至於三次方程的求解，例如 $x^3+4x^2-6x+1=0$，有很長一段時間都解不出來，數學家熱切地追求了兩千多年，最後終於由幾位義大利數學家解決了。發現解答伴隨著數學史上最激烈的爭論之一。造成這種動盪的兩個因素是：當時學術界的運作方式，以及兩位主角塔爾塔利亞 (Niccolo Tartaglia, 1500–1557) 和卡丹諾 (Girolamo Cardano, 1501–1576) 的個性使然。

在 16 世紀，沒有學術期刊，科學思想的傳播是透過信件的往來完成。一般的公眾知識以一種有點奇怪的方式來傳播：公開辯論，這是一種學術的摔跤比賽。為了贏得競賽，許多數學家不會把他們的發現公開發表。因此，第一位發現三次方程解法的數學家是 Scipione del Ferro (1465–1526)，他確實是保密到家。他為自己把解法寫下來，並且在他臨終前將其透露給他的學生費爾 (Antonio Maria Fior)。費爾是一位平庸的數學家。他只理解三次方程式中缺少二次項的情形，例如

$x^3 - 6x + 1 = 0$。但他無法理解,這個特殊情況跟一般情形其實差別不大(配立方就好了)。那時,費爾聽說居住在威尼斯的貧窮教師塔爾塔利亞也發現了三次方程式的解法。費爾自認占有某些優勢,所以他邀請塔爾塔利亞參加比賽。每位參賽者都向對手提出 30 個問題。在比賽的期間,塔爾塔利亞找到了一般三次方程的解法,因此他在兩小時內解決了費爾所提出的 30 個問題,輕鬆就贏得這場比賽。

這是卡丹諾踏入這個領域的契機。卡丹諾是一個多才多藝的人。他除了是一位領導性的數學家,也是一位物理學家,百科全書的作者,一位發明家(他發明的傳輸系統至今仍在使用),而且他也是史上第一位職業西洋棋的選手。但上述這些身分都比不上他成癮的賭徒性格,這讓他寫出數學史上第一本機率論的書,書中還提到如何耍詐。根據他自己的說詞,他是易怒的。在 1570 年他有幾個月被以異端教徒的罪名關在牢裡。他因為創造耶穌的星座而被譴責,但是他還是把他的人生遭遇歸因於遙遠星球的影響。

卡丹諾曾試著自己找出三次方程式的解答,但他失敗了,他求塔爾塔利亞告訴他其中的祕密。塔爾塔利亞的人生很坎坷。他曾差點因為一個法國士兵不小心的揮劍而喪命,這讓他得到了口吃的症狀(tartaglia 在義大利語是「口吃」之意)。他疑心病很重,而且拒絕很多次都不肯說出祕密,但他最後在卡丹諾保證會幫他找到一個贊助人後,他說出了祕密。為了保密,塔爾塔利亞將解法的祕密加密在一首詩中。但是卡丹諾的保證不是真心的,至少從未實現過。

塔爾塔利亞很快就後悔他接受卡丹諾的誘惑,以交換信件來進行長期的抗爭。他是對的,到最後卡丹諾並沒有遵守他承諾的要保密。大約過了十年後,卡丹諾聽說塔爾塔利亞並不是第一個找到解法的人,

Ferro 才是第一位發現者。於是卡丹諾就不再受這個誓言的束縛，所以他發表了這項發現。塔爾塔利亞很生氣，邀請卡丹諾來一場公開的辯論，但卡丹諾帶著他的聰明弟子 Lodovico Ferrari (1522–1565) 一起參加。塔爾塔利亞輸掉了這場辯論，也喪失了他多年在貧窮期間努力建立的學術地位。最後他又回到威尼斯的教職工作。約在同一期間 Ferrari 找到四次方程式的解法（例如 $x^4 - x^3 + 4x^2 - 5x + 1 = 0$）。

多項式方程後來不斷地成為激發代數學發展的一個很重要論題（方程式論）。在 18、19 世紀時，代數學經歷一場巨變，許多術語的意義都跟著改變。近代的代數學研究的是運算，類似於算術裡的運算，但是更一般化，也牽涉到更抽象的對象。例如，平面的運動。在所有運動中有一種運算是將兩個運動「結合」(composition)。讓我們用圖解來說明。在平面上畫一個東西，例如畫烏龜，然後選定一個參考點。

參考點

現在烏龜可以自由運動。這些運動叫做「變換」(transformation)。牠可以在參考點周邊旋轉，或者在平面上向上、向下、向左、向右運動。若一個運動沒有改變它的角度，則稱之為「平移」(translation)。兩個運動可以結合：先施行一個運動，接著又施行另一個運動。兩個變換的結合，其結果跟順序有關。如果烏龜先作平移再作旋轉，跟先作旋轉再作平移，結果是不一樣的。

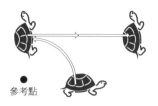

兩次變換的結合：先逆時針旋轉 90 度再向右平移。

平面上的運動是可逆的。舉例來說，如果你向北走了一公尺，你可以再向南走一公尺，就回到原來的位置。同樣地，順時針旋轉 90 度也可以用逆時針旋轉 90 度的方法來回復。可逆性是我們常見的數的運算之推廣 ： 加 7 之後可以減 7 來回復 ， 乘以 3 之後可以除以 3 來回復。若一個集合（元素的組合）具有可逆性的操作，我們就稱為「群」(group)。群是最基本的代數對象。這不表示群是簡單的對象。它們的結構是驚人的多樣且豐富。

兩次變換的結合：先向右平移，再逆時針旋轉 90 度。兩種變換結合的順序不同，得到的結果就不同。（跟前圖比較）

　　名稱的相似性通常表示性質上的相似性。那麼，現代的代數專門研究抽象的運算，它跟解方程的研究有什麼關係呢？為什麼它們都被稱為「代數」？不僅是因為方程式涉及算術運算，還有更深層的理由。法國數學家拉格朗日 (Joseph Louis Lagrange, 1736–1813) 發現：解決多項式方程的可能性或不可能性，跟解答集合上的運算，兩者之間存在著驚人的聯繫。

　　發現四次方程式的解答公式後，數學家拼命地嘗試求解五次方程式。在 19 世紀初，發現一個非常令人驚訝的結果：沒有解決五次方程的一般公式。這是由挪威數學家阿貝爾發現的，他採用了拉格朗日的觀點。在經歷了貧困和艱苦的生活之後，阿貝爾年紀輕輕就死於結核病，並留下了數學遺產「為數學家提供了 200 年的思想材料」，正如該時期的一位數學家所說的那樣。在他之後，法國數學家伽羅瓦顯示了哪些方程可以求解而哪些方程無法解決（不是每個五次或更高次方程都是無法解決的；對於某些特殊的高於四次的方程，是存在有解答的）。伽羅瓦的生活也很悲慘。他在 20 歲時因決鬥而死亡。在他去世十多年後，他的發現得到了認可。伽羅瓦在他的證明中使用了「群」的概念，從而進一步將群論與代數學聯繫起來。

離散數學 (Discrete mathematics)

現代數學的第三個主要分支是離散數學。這是三個分支中最簡單的一個：它只涉及集合及其所含的元素。沒有代數運算，也沒有極限的概念，這種無止境的接近是連續數學的核心。離散數學的另一個名稱是「組合學 (combinatorics)」，直到 20 世紀初，它的意義是計算所有的可能性。例如：從 10 個人中選出 3 個人當委員，問有幾種選法？10 個人排成一列，問有多少種排列方式？

　　直到 20 世紀中葉，離散數學才成為數學的繼女。它得到今日的尊敬，應該歸功於一個人和一場技術革命。促成這一變化的關鍵人物是艾迪胥，我們已經不止一次遇見過他了。艾迪胥給組合學開闢了新的方向，並展示了該領域可能達到的深度。讓組合學脫穎而出的技術革命是電腦的發明，組合學被證明是計算機的數學。電腦是離散的，不採取連續步驟。在它的記憶內儲存著 0 與 1，中間沒有數，從一個到另一個是用跳躍的。作為該領域生長的一部分，離散數學開始包含越來越多的主題，並且它與其他數學領域的聯繫也不斷加強。

譯者補充

上帝創造無窮大，人無法了解無窮大，所以必須發明有窮集。
(God created infinity, and man, unable to understand infinity, had to invent finite set.)

在有窮與無窮大的永恆相互作用之中含有所有事物的美妙。
(In the ever-present interaction of finite and infinity lies the fascination of all things.)

自然法數學。（人法地，地法天，天法道，道法自然）
Nature imitates mathematics.

一位好的教師不是教事實。他或她教的是熱情、開放心靈與價值觀。
(A good teacher does not teach facts.He or she teaches enthusiasm, Open-mindedness and values.)

美國數學家、組合學家與哲學家 Gian-Carlo Rota(1932–1999)

22 拓撲學

數學是科學的皇后，
數論是數學的皇后。

高斯

如果要進行數學的選美比賽，我猜測數論會得到第一名。這是一門最古老的數學領域，研究的是最基本的數學對象——數。在它的深度和看似簡單性之間有很大差距。它還有特別多的猜測，即使是一個孩子也能理解，但是經過數百年，數學家仍然無法證明。在選美比賽中爭取第二名的最有力競爭者，應該是一門相當現代的學科：**拓撲學**（topology，又叫做位相幾何學）。希臘字 "topos" 的意思是「位置」(location)，拓撲學就是研究「位置的科學」(the science of a location)。一個更精確的定義是「橡膠板的科學」(the science of rubber sheets)，因為它研究的是在連續變形之下板材保持不變的性質。在拓撲學中，一個人（有鼻孔和消化系統）與具有幾個孔洞的餅乾完全相同；就拓撲而言，一個人可以在不必先脫下外面的毛衣之下脫掉他內部的襯衫。拓撲學和幾何學之間的區別在於，在拓撲學中，一條線是否為直線以及兩點之間的距離都不相干。換句話說，拓撲學不關心它的橡膠板是否伸展並且距離是否變大或縮小。對它而言，原來的那張與拉伸的那張橡膠板並沒有區別。

固定點定理

拓撲學家就是像雙手被綁在背後的幾何學家，他禁止談論距離。對他來說，由於三角形可以拉伸成圓形或者另一種形式，三角形的邊界和圓形的邊界視為相同的，但如果不測量距離，面對幾何形狀還能說什麼呢？拓撲學還有一個任務是考察一個形體是否有孔洞 (holes)，如果有，有多少個？它發展了一些工具來證明兩個形體在拓撲上是相等的（叫做同胚的，homeomorphic），這表示兩個形體可以透過拉伸、擠壓、旋轉或鏡射等連續變換來互相轉化。

拓撲學最著名的一個定理是荷蘭數學家 Luitzen Brouwer (1881–1966) 的固定點定理 (Fixed Point Theorem)。這定理可追溯到 1912 年，探討的是在某空間維度中的一個球。半徑為 R 的「球」是指跟某一點（叫做球心）的距離至多為 R 的所有點所成的集合。在一維空間中，這是一個 $2R$ 長的線段；在二維空間中，這是一個圓盤（「圓盤」是指圓的內部並且連同邊界，「圓」是指邊界）；在三維空間中，這是一個普通的球，就像在運動中的球；在四維空間中，它是一個無法用視覺觀看的形體。Brouwer 的定理是說：一個球經過扭曲、移動及伸展──但不能撕裂，並且完全保留在同一個空間裡（也就是說，在變換之後，形體中沒有任何點跑到原球之外），則存有一個點是固定不動的。因為它保持固定的位置，所以我們稱它為「固定點」。

右側的灰色形狀是左側的圓盤經過變形和移動得到的 （注意所有點都保留在圓盤內）。其中點 x 沒有移動位置——連續扭曲變形後仍保持在原位。Brouwer 的固定點定理是說：圓盤的任何連續扭曲變形，只要不跑到原空間之外，必存有一個固定點。

如果形體有一個孔洞，例如一個圓環，則這個定理是不成立的。如果旋轉圓盤時，它的中心點是固定的；但是如果旋轉一個圓環，則沒有任何一點是固定的，因為旋轉中心不在圓環的裡面，所以一切的點都移動了。

二維空間情形的 Brouwer 定理可以用紙張來證明（雖然紙張只能弄皺和移動，但不能拉伸，因此不能完全說明此定理）。對於拓撲學家來說，矩形紙片與圓盤相同，因為圓盤可以在不撕裂的情況下，變形成為矩形（只需使用一片培樂多黏土 Play-Doh 就可以做得到）。現在取兩張紙具有相同尺寸且沒有孔洞，然後將一張紙準確地放在另一張紙上。現在把上面的這張紙，連續變形——但不要撕裂它，還有不能有任何點超出平面的領域。根據 Brouwer 定理得知，上面的紙張至少有一個點仍然跟先前所在的位置相同。也就是說，它仍然在原位不動。

Brouwer 定理具有簡單的敘述，優雅的證明（我沒有呈現），以及許多應用，這讓它變成美麗的定理。它也是從一個數學領域應用到另一個數學領域的一個美妙例子。雖然這個定理的敘述一點都沒有提到

代數，但是最簡單且最常見的證明卻採用代數工具，這就是法國數學家龐卡萊 (Henri Poincaré, 1854–1912) 所創立的 「代數拓撲學」。在下一章中，我們將看到 Brouwer 定理在離散數學中的驚人應用。

Borsuk-Ulam 定理

在第二次世界大戰前夕，波蘭的數學享有短暫但戲劇性的興盛。在 Lwów 和華沙有兩個主要的數學研究中心，數學家活躍在咖啡館裡喝咖啡並且討論數學，產生了今日所知的許多著名數學家：Stefan Banach, Stefan Mazurkiewicz, Kazimierz Kuratowski, Alfred Tarski, Karol Borsuk 等等。還有後來成為氫彈之父的 Stanislaw Ulam (1909–1984)，他是這一群中較年輕的數學家。他雖然不是專業的拓撲學家，但他提出了一個基本的猜測，很快就被 Borsuk 證明，並且以他們兩人的名字命名為 「Borsuk-Ulam 定理」。我們先來看這個定理的一個例子：

在任何給定的時刻，赤道上有兩個對蹠點 (antipodal points)，具有相同的溫度。

赤道只是一個特例：我們可以使用任何一個圓；並且用任何其它的物理量來取代溫度，只要這個量是連續的，即沒有跳躍（或斷裂）。我們說溫度沒有「跳躍」表示，例如某一點的溫度是 10 度，那麼在附近點的溫度就接近 10 度。這在一維情形的 Borsuk-Ulam 定理是說：存在有一條直徑，在兩個端點的物理量相等。下面是二維空間的例子：

在任何給定的時刻，地球表面上存在有兩個對蹠點，溫度和

濕度皆完全相同。

　　地球的表面是在三維空間中球的邊界。球面是二維空間，因為每個點都可以用兩個數來描述——經度與緯度。在二維空間中，Borsuk-Ulam 定理是說：對於任何兩個連續的物理量，存在兩個對蹠點使得兩個物理量在這兩點處是相同的。拓撲學家也談到更高維度空間的球，當維度增加時，可以考慮更多的物理量。例如：在四維空間的球，它的三維球面上（不要想看到它——它是純粹的抽象），對於任意三個連續量，存在有一對的對蹠點三個物理量都有相同的值。

　　這個定理在二維或更高維空間中的證明是困難的。然而，一維的情形卻非常簡單。記住，這個例子是說，在赤道上（這只是圓的例子），存在有兩個對蹠點具有相同溫度（這是在數學術語中「連續函數」的一個例子）。為了證明這一點，我們將畫一個帶有頭部和尾部的指針，如下圖所示：

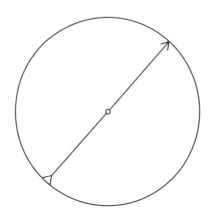

Borsuk-Ulam 定理指出，如果我們將指針在赤道上旋轉，
將會遇到在指針的頭部和尾部測量的溫度是相同的。這個
定理可利用測量頭部和尾部溫差來證明。

　　將指針放在任何位置上，計算其頭部與尾部的溫差。如果在指針的某個位置上溫差為 0，即頭部和尾部的溫度是相同的——那麼我們就得到具有相同溫度的兩個對蹠點，這正是我們所要的結果。因此，我們假設這個溫差不為 0。例如，在頭部溫度是 10 度，尾部溫度是 3 度，得到溫差為 10 – 3 = 7。現在將指針旋轉 180 度，到頭部和尾部互換的位置，同時測量溫度之差。當指針到達其最終位置時（即旋轉 180 度的情形），頭部的溫度（指針前一個位置的尾部）是 3 度，並且尾部的溫度（指針前一個位置的頭部）是 10 度。此時頭部和尾部間之差是 3 – 10 = –7 度。因此，溫差從正值變為負值。由於我們假設溫度是一個連續的函數，即沒有跳躍，旋轉後的溫差函數也是連續的，那麼根據中間值定理，存在某一點，其溫差必為 0。但是頭部和尾部的溫差為 0 正好就是我們要證明的——即存在兩個對蹠點具有相同的溫度！

譯者註

臺灣（又叫做 Formosa）的對蹠點是南美洲的巴拉圭 (Paraguay)，那裡有一個地方也叫做 Formosa（福爾摩沙）。

離散數學的一個應用

有人對 Borsuk-Ulam 定理的第一反應可能是——「那又如何呢？」要知道定理的重要性，其證據就是它能有各方面的應用，此地我們提出在離散數學中的一個應用。我要描述的問題不牽涉到任何拓撲，但令人驚訝的是，證明卻是拓撲的。

　　這個問題叫做「項鍊的切割問題」。兩個竊賊偷來一條項鍊。項鍊是打開的（也就是說，它不是封閉的圓形），它含有不同類型的珠子，每一類型的珠子數量皆為偶數。小偷想要公平分配他們的戰利品，兩個小偷都要得到相同數量每種類型的珠子。為了做到這一點，他們必須切斷項鍊，但是切割項鍊會降低其價值，因此他們希望盡可能減少切割的次數。問他們最少需要切割多少次呢？以色列的數學家 Noga Alon 應用 Borsuk-Ulam 定理證明了下面定理：

定理：所需的切割次數不超過珠子類型的數量。

　　通常我們先考慮最簡單的例子。一條項鍊只有一種類型的珠子，此時在中間切割一次就好了。當珠子有兩類的情形也很容易證明。然而從三類珠子開始，唯一知道的證明要用到 Borsuk-Ulam 定理。

在這個特殊例子中，項鍊在兩個地方切割（在圖中用剪刀標記），第一個小偷得到標記為 A 的部分，第二個小偷得到標記為 B 的部分。

譯者補充

在愛因斯坦的廣義相對論中,時空的結構會變化,但是它的拓撲不變。拓撲學就是要研究某事物在扭彎與拉伸之下的不變性。

物理學家維敦 (Edward Witten, 1951–)

在這些時日（1939 年）,拓撲的天使與抽象代數的魔鬼在為個別領域的靈魂交戰。

數學家外爾

一個小孩的第一個幾何發現是拓撲,……如果你要他畫一個正方形或三角形,他畫的是類似於一個圓的圖形。

認知心理學家皮亞傑

在數學中,只讀其文字是不夠的,你必須聽到它的音樂。

拓撲學家凱利 (J. L. Kelley, 1916–1999)

23 婚姻的配對

媒人，媒人，為我配對吧。

《屋上提琴手》(Fiddler on the Roof)

荷蘭數學家 Brouwer 在 1912 年證明了他的固定點定理 (fixed point theorem)，這標誌著組合學的轉折點，因為這個領域的基石定理證明了。它的發現者是德國數學家 Ferdinand Frobenius (1849–1917)，他既受到柏林大學數學系的祝福，也受到詛咒。祝福，因為他是一位傑出的數學家；詛咒，因為他有爭議，使得其他數學家不願意跟他合作，這是造成柏林大學的偉大競爭對手哥廷根大學蓬勃發展的原因之一。Frobenius 是一個代數學家，而不是一個組合主義者（當時組合學幾乎還不是一個單獨存在的數學領域），他用代數的術語表達他的定理。經過幾年後，當匈牙利數學家 Dénes König (1884–1944) 證明了這個定理的更強版本，並且將它變成組合學的說法時，Frobenius 嘲笑他採用的是「劣等術語」。

經過了許多年，König 是唯一認識到 Frobenius 定理重要性的人。這個定理在 1935 年又被英國數學家 Philip Hall (1904–1982) 獨立地重新發現，這才廣為人所知。新版本（最終以 Hall 命名）的成功可能是由於 Hall 給出一個有趣的命名：「婚姻定理 (Marriage Theorem)」。即使在數學領域中，跟性有關的東西也會熱賣。Hall 說，想像一下，有一群認識的男女：每個男人都認識某些女人（包括可能一個女人都不認識），男人都想要結婚。要遵循的規則是，一個男人只能跟他認識的女人結婚（這些男人都是數學式的，他們沒有很高的要求，唯一的要

求是互相認識）。當然，婚姻必須是一夫一妻制，即一個人（任何性別）只能有一個配偶。

Hall 提出的問題是：在什麼條件下，所有男人都可以結婚？

請注意，我們並不堅持所有女性都會結婚——這個問題是在女性解放之前提出的。為了理解「在什麼條件下」的含義，請看下面的例子：

當兩個男人只認識一個女人時，無法使所有男人完成匹配。

　　我們用畫線條來代表男女互相認識。有可能所有男人都結婚不成，因為這兩個男人在爭奪單一個女人，所以一個男人必須放棄結婚。這個例子指出所有男人結婚的必要條件是：女性的數量必須至少與男性的數量一樣多。否則，按照鴿洞原理，兩個男人必須跟一個女人配對。這種情況無法讓所有人舉行婚禮。例如，可能會發生女性比男性少，但是其中有一個男人不認識任何女人，那麼這個男人就無法配對（即下圖中的最右邊情況）。或者，在一大群男性和女性中，可能有兩個男人只認識一個女人（如下圖的中間圖，左邊的兩個男人），他們兩人就無法結婚。在下面的每一個圖中，A 代表一組的男人，因為認識不夠多的女性而無法結婚。

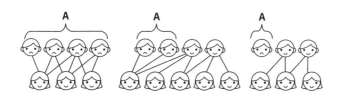

　　因此，要讓所有男人都舉行婚禮，每個男人都必須至少認識 1 個女人，每 2 個男人至少認識 2 個女人，每 3 個男人至少認識 3 個女人，等等。這顯然是一個必要條件。這也是一個充分條件，但是理由比較不顯明。也就是說，如果每 k 個男人至少認識 k 個女人，那麼所有男人都可以結婚。這是 Hall 定理的內容：

Hall 定理：*存在一個婚禮（即所有的男人都可以結婚）的充要條件是任何男人的集合 A 可認識到的女人至少為 A 的元素個數。*

　　Hall 定理很重要，因為它有很多用途，並且也是現代組合學廣泛而豐富研究的起點。這個定理建構的模式是：「某些事物（在這裡的情況下是舉行婚禮）存在，只有當每一個……（在這種情況下，每一個集合的男人至少認識跟集合的元素一樣多的女人）」，這導致豐富的成果。他們說：「某種類型的事物存在，除非存在有明顯的障礙。」在我們的例子中是：「對於每個男人都存在結婚的可能性，除非這一群男人認識的女人太少。」

兩人再加一物（Ménages à Trois）

Hall 定理是一種稀有的物種：定理本身不難證明，但它具有深度並且有許多的應用。經驗告訴我們，這個定理往往有許多不同的證明。例

如,畢氏定理有數百種證明方法(譯者註:520 種),每一種都擁有自己的美。Hall 定理也是如此。令人驚訝的是,最強而有力的證明是採用拓撲學的方法,這可得到最深遠的結論。拓撲的證明具有超出組合學證明的重大應用。

三重的婚禮是其中的一個應用。這不是你所想的那種。我不是在談論兩個男人和一個女人,也不是兩個女人和一個男人,而是要談論一個男人和一個女人,再附加第三樣東西,例如他們的狗或他們的房子。舉例來說,假設我們為男人和女人增加第三樣東西——房子之類的東西。現在一個男人認識的不單是一個女人,而是認識一對的東西:女人 + 房子 (或女人 + 狗)。一個男人認識的是一對東西:一個女人 + 房子,這表示男人願意跟這個女人結婚,附加條件是他們將會住在這個房子裡。

例子

一個名叫 Alan 的男人認識:「Alice + 帳篷」與「Betty + 房子」。這表示 Alan 願意娶 Alice,條件是他們住在 Alice 的帳篷,或娶 Betty,條件是他們住在房子裡。他不願意生活在 Alice 的房子裡 , 或 Betty 的帳篷裡 。 第二個男人叫做 Bob,他認識「Betty + 帳篷」。參見下圖。

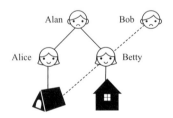

Alan 認識「Alice + 帳篷」與「Betty + 房子」,而 Bob 認識「Betty + 帳篷」。在這種情況下,這兩個男人不可能都完成婚配。

　　在這種情況下，因為 Bob 已選擇帳篷，所以另一個男人 Alan 只能選擇認識的「女人＋房子」。顯然，婚姻必須是一夫一妻制，這表示兩個男人不能與同一個女人結婚，兩對夫妻也不能住在同一個屋簷下。在我們的例子中，不存在這樣的婚姻。Bob 只能娶他認識的一對：「Betty＋帳篷」。這表示，如果 Bob 結婚了，則 Alan 就只能保持單身；另一方面，如果 Alan 結婚了，則 Bob 也只能保持單身。他不能和「Alice＋帳篷」結婚，因為 Bob 已選擇了帳篷，也沒有「Betty＋房子」可選，因為 Bob 只和 Betty 結婚。

　　現在讓我們回到一般情況。暫時假設婚配成功，並且每個男人都認識「女人＋房子」。如果是這樣的話，那麼（比方說）每 3 個男人就會熟悉 3 序對這樣的女人，符合他們所選擇的婚姻。這些序對是互斥的，這表示它們中的所有女性都是不同的，所有的住房類型也都是不同的。因此，如果男人的婚姻是可能的，那麼每一組 k 個人都至少認識 k 個互斥的序對。在 Hall 定理的情況下，男人只與女人結婚，這個條件就足夠了。現在這種情況下，男人要考慮女人的序對，它也足夠嗎？也就是：

對於每個數 k，每 k 個男人都認識 k 個「女人＋房子」的互斥序對，這樣婚姻配對會成功嗎？

　　答案是「不」。為了明白這一點，我們只需看上面的例子。每個男人都至少認識一個「女人＋房子」的序對（Alan 實際上認識兩個互斥的序對），兩個男人在一起認識兩個這樣互斥的序對：兩個人合在一起認識兩個互斥的序對「Alice＋帳篷」和「Betty＋房子」（Alan 已經認

識了這兩個序對，所以 Alan 和 Bob 作為一個集合在一起肯定是認識她們）。儘管如此，兩者都不可能有結婚。因此，需要更多。而且在這裡，「更多」表示雙倍：如果我們要求加倍（事實上是小於兩倍），我們就得到配對成功的充分條件。

定理：如果對於每 k 個男人都認識 $2k-1$ 個互斥的序對 「女人＋房子」，則所有的男人都可結婚成功。

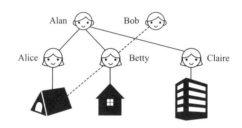

當 2 個男人與 3 序對互斥的女人認識，每個男人至少認識一個序對時，婚姻的配對就成功了。

　　例如，如果我們在此例中增加另一個序對（「Claire＋公寓」），而且只有 Alan 認識它，則配對就會成功。當 $k=1$ 時，表示這個男人至少認識 $2k-1=(2 \times 1)-1=1$ 個序對的 「女人＋某物」——滿足定理的條件。當 $k=2$ 時，表示 2 個男人必須認識 $2k-1=(2 \times 2)-1=3$ 個互斥的序對 ：兩個男人認識 3 個互斥的序對：「Alice＋帳篷」，「Betty＋房子」和「Claire＋公寓」。事實上，兩個男人都可以結婚：我們將 Alan 與「Claire＋公寓」匹配，Bob 搭配「Betty＋帳篷」。

　　在這裡我們感到驚訝的是：這個定理的證明採用了拓撲的方法。但在定理中並沒有提到拓撲學，這是完全出乎意料之外的。儘管如此，在已知的證明中唯一使用拓撲工具者──實際上是 Brouwer 固定點定理的某個版本。

24 想像力

幻想與想像

> 對於我來說，幻想的天賦，意義遠大於吸收正面知識的才華。
>
> 愛因斯坦

英國詩人兼散文家 Samuel Taylor Coleridge (1772–1834) 宣稱他在詩中找到了「差異中的相似性」。詩人 William Wordsworth (1770–1850) 在他的哲學詩《前奏曲》中用了完全相同的定義：「詩在看似不同的事物中分辨出相似的地方。」想像力能夠在差別非常遙遠的兩者之間找出共同的特徵。這種能力對於詩人、數學家、科學家都是共通的。

在 17 世紀初，英國掀起了一場新詩運動，正反兩方攻防，反對方稱對方的詩為「形而上的詩」（或玄學詩）。這個運動的特點是採用複雜的隱喻以及在不同的對象中發現不可預期的相似之處。John Donne (1572–1631) 是這場新詩運動的領導人物，下面我們引用他的一首著名詩其中的一段，這首詩有個奇怪的標題《別離辭：莫悲傷》。詩人和他的愛人的靈魂聯繫就如同圓規的兩支腳。這個類推一直持續下去，每當我們認為它已枯竭時，又會再出現另一個類推。

> 如果我們的靈魂一分為二
> 就會像是圓規的兩支腳
> 妳就像那支固定的腳
> 隨著另一支腳停佇和移動

雖然這支固定的腳停矗在中心
但當另一支腳遠行時
這支腳就向著那個方向傾斜且傾訴
而在其返回時又回復原位

這就像妳之於我
我就像另一支腳必須傾斜地在外轉動
而妳的堅定讓我畫的圓變得圓滿無缺
並且讓我遠離後仍能回到起點

John Donne, "A Valediction: Forbidding Mourning"

最後兩行的美妙處在於它們有多種可能的解釋：「讓我遠離後仍能回到起點」是否意味著情人幫助詩人發現他真實的內心聲音？或者也許回到他的嬰兒時期？

數學的相似性

詩歌是用不同的名字來稱呼相同事物的藝術。

無名氏

是的，數學是用相同的名字來稱呼不同事物的藝術。

法國數學家龐卡萊

有關數學創造過程的描述，最著名的例子是數學家龐卡萊。有一天他走在街上，沒有特別想什麼事情，至少他沒有意識到，後來他搭上了一輛電車。他踏上電車階梯的瞬間，靈光一閃。他明白了困擾他好幾週的問題，其實跟另一個他已知解答的問題相同。

法國數學家龐卡萊現代拓撲學之父。(©Wikimedia)

　　如同詩歌一樣，數學的發現往往是找出相似性，這裡有三個例子：有三個問題，表面上看似不同，其實隱藏的結構是相同的。這三個都是我們熟知的：計算三角形的面積；把 1 到 n 的數加起來；一個物體作等加速度運動，求物體會移動的距離。

　　首先，這三個問題中最簡單的是：計算三角形的面積。三角形的面積等於底乘以高除以 2。如何證明呢？一種證法是，先證明直角三角形的面積公式，然後任意三角形都可分割成兩個直角三角形，像這樣：

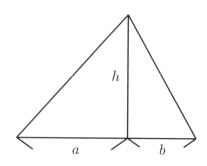

如果我們已證明直角三角形的面積公式，則左邊的三角形面積為 $\frac{1}{2}ah$，右邊的三角形面積為 $\frac{1}{2}bh$，所以整個三角形的面積為 $\frac{1}{2}ah + \frac{1}{2}bh = \frac{1}{2}(a+b)h$。因為底邊長為 $a+b$，這就證明了三角形面積為底乘以高除以 2，如我們想的一樣。在鈍角三角形中，它的高在三角形的外部（見下圖）：

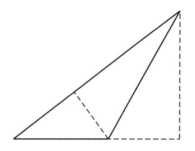

在這種情況下，三角形的面積等於兩個直角三角形面積的差，這樣仍然可以證明三角形的面積公式。另外我們也可以如上圖，分割成兩個直角三角形之和，從而證明三角形的面積公式。

所以我們剩下要證明的是直角三角形的面積公式，就如下圖：

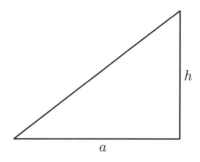

　　將直角三角形補足成為一個長方形，它的面積是 ah，折半就得到直角三角形的面積 $\frac{1}{2}ah$，這就是我們要證明的。

　　在第 5 章〈發現或發明〉中，我們學習到高斯如何計算 $1+2+3+\cdots+n$ 的和。為了顯示它跟三角形的面積計算有關，我將以不同的方式來呈現。讓我們在級數中加上 0 這項，並將其寫為 $0+1+2+3+\cdots+n$。增加 0 這一項不會改變總和。第一項是 0，最後一項是 n。由於數以固定的速度遞增，它們的平均值介於 0 與 n 之間，即 $\frac{1}{2}n$。在我們加 0 之後，數列中共有 $n+1$ 項（在我們加 0 之前，共有 n 項）。數列總和是項數乘以平均值（其中平均值是 $\frac{1}{2}n$）。換句話說，總和等於 $\frac{1}{2}(n+1)n$。這跟計算三角形的面積一樣：「底乘以高除以 2」。

　　高斯的方法不同，他將 1 配 n，2 配 $n-1$，3 配 $n-2$，依此類推。下圖顯示計算從 1 到 6 之和。1 接著 6，2 接著 5，等等。

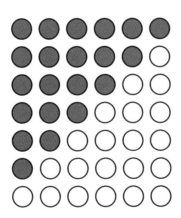

　　從 1 到 6 的和是上圖中下半個三角形的圓圈數量。從圖中我們觀察到，這些數的和是矩形中圓圈數的一半，等於 6×7 的一半，即 21。這個證明平行類推於三角形面積公式的推導法，如下圖所示：

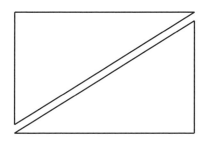

　　上下兩個三角形合成一個底為 a，高為 h 的長方形，面積為 ah。而三角形的面積是這矩形面積的一半，也就是 $\frac{1}{2}ah$——這正是高斯的證法！

　　最後是一個物理問題：計算一個等加速度運動的物體所運動的距離。我們假設物體的運動從速度 0 開始，運動 t 秒並且移動中它的加速度是 a（即速度以每秒 a 米／秒增加）。問物體運動多遠？我們說它以 0 的速度開始。如果每秒鐘增加 a 米／秒的速度，則在 t 秒後，其速度為 at 米／秒。過程中的平均速度是 0 到 at 之間的平均值，即是 $\frac{1}{2}at$。因此，在 t 秒內所運動的距離是時間乘以平均速度，也就是 $t \times \frac{1}{2}at = \frac{1}{2}at^2$，這恰是我們在高中時所學的物理知識。

　　正如我們所看到的，它不僅是熟知的公式（所有公式都有 $\frac{1}{2}$），而且得到公式的方法也類似——它們都使用了平均值。我在高中時並

沒有意識到這種關係，直到我的兒子上高中時，我才明白這一點。能夠認識到這三個問題是相似的人，就能理解這三個問題：**理解就是連貫成一體**。

同構

當我們按下收音機上的「電源」按鈕時，會改變從「關」到「開」的狀態，或者相反。任何孩童學習使用計算機、電視機或遊戲機時，都不需要很長的時間就學會。這是「**同構**」(isomorphism) 的一個例子。也就是說，它們在結構上是相同的：兩種現象共享著相同的隱藏結構。收音機、計算機以及電視機中的「開／關」結構是「同構的」。我們可以增加一個數學例子。如果我們選取 1 與 −1，乘以 −1 的操作反轉「開／關」的狀態，如同按下一個電源的開關一樣：當 1 乘以 −1 時，它反轉並且變為 −1，而 −1 乘以 −1 變為 1。

在一次聚會中，我的女兒問我大廳兩側的自助餐有什麼區別。作為一名數學家，我回答「它們是同構的」。她問我這是什麼意思，我建議我們玩下面的遊戲，順便回答她的問題。A, B 兩人玩一個遊戲，輪流從 1 到 9 之間選出一個數（不再放回）。每個人將他選取的任三個數相加，最先湊成 15 者是勝利者。我們來記錄他們逐次選取到的數，以及進行的結果，舉例來說：

A：5（A 選取到的數集為 {5}）

B：7（B 選取到的數集為 {7}）

A：6（A 選取到的數集為 {5, 6}）

若 A 選出 4，則 B 就受到威脅，由於 4、5 與 6 將共計 15。所以下一步 B 沒有選擇，只能選取 4：

B：4（現在 B 有 {4, 7}）

B 沒有威脅，因為要從 4 + 7 到 15，必須選擇 4，但是 4 已經被選走。所以 A 可以自由地做出以下動作：

A：1（現在 A 有 {5, 6, 1}）

此時，A 提出了兩個威脅：若選取 8 時，跟 1 與 6 合起來就得到 15；或選擇 9，跟 5 與 1 合起來也得到 15。

B：現在只能破解其中的一種威脅。例如：如果 B 取 8，A 將選擇 9 並且獲勝。如果 B 選擇 9，A 將選擇 8 並且獲勝。無論如何，A 必然獲勝。

我和女兒玩這個遊戲時，我的兒子坐在旁邊觀看，他說：「你們在玩井字遊戲 (Tic-tac-toe)！」他說得對。讓我們畫出熟悉的這個魔方陣，其中每行每列與對角線的和都要是 15：

2	9	4
7	5	3
6	1	8

選擇 1 到 9 之間的數實際上就是在這塊板子上選擇一個小方格。A 可以在所選的方格中畫×，B 畫○，而不是選取一個數。有點令人驚訝的是，在這個正方形中，每三個一組包含行、列或對角線，其總和都要為 15。從 1 到 9 中三個一組總和為 15 的情形只有 8 組，全部出現在這裡。所以我提出的魔方陣遊戲與井字遊戲獲勝的情形皆相同。

讓我們來看在 *A* 和 *B* 之間的井字遊戲板的例子（在插圖中的棋盤上，從左到右由 "×" 開始）

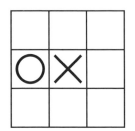 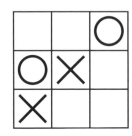 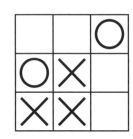

A 和 *B* 從左到右採取的前三步。在第一輪中，*A* 選擇了 5，且在左圖中用×表示。*B* 選 7 來回應，在板子中以○表示。經過第三輪後，"×" 方有兩種獲勝的可能性，其中只有一種可以被 "○" 方所阻擋。

　　從表面上看，選取數的遊戲和井字遊戲似乎是不同的，但適當地抽象化之後卻顯示出兩者之間的相同性：它們是同構的。我問我的兒子他是如何發現的，他說在兩種遊戲中發現了兩個相似的要素：三人組和雙重威脅。在井字遊戲中，勝利的方式決定於對手的疏忽或雙重威脅，也就是說，兩種威脅中只有一種可以被阻止。

　　「那讓我回想起來」是促成數學發現更常見的路徑之一。

譯者補充

歌德說：「詩要含有哲學，但必須隱藏著。」形而上學詩人 John Donne 恰是這句話的完美實行者。請讀下面這首著名的詩：

沒有人是孤島，
在大海裡獨踞；
每個人都是陸地的一小片，
連結成一整體。

如果一塊泥土被海水沖走，
歐洲便會失去一角，
就如同一座山岬，
也如同一座莊園，
無論是你的或朋友的。

無論誰死了，
都是我的一部分死亡，
因為我是人類整體的一部分。
因此，
不要問喪鐘為誰而敲，
喪鐘正是為你而鳴。

《沒有人是孤島》

美國著名作家海明威 (Ernest Miller Hemingway, 1899–1961) 在 1940 年出版的小說 《喪鐘為誰而鳴》 (*For Whom the Bell Tolls*) 就是取自 John Donne 這首詩的靈感。海明威的這部小說，曾被改編成電影，卻被翻譯成「戰地鐘聲」。

推動數學發現的動力不是推理而是想像力。

(The moving power of mathematical invention is not reasoning but imagination.)

英國數學家 Augustus De Morgan

想像力比知識還重要。因為知識是有限的，而想像力無窮，他可以含納整個世界，激發進步，產生演化。

(Imagination is more important than knowledge is limited,

whereas imagination embraces the entire world, stimulating progress,

giving birth to evolution.)

愛因斯坦

25 一個魔數

＞⌒ 譯者補充 ⌒＜

$$e = \lim_{n\to\infty}(1+\frac{1}{n})^n = \sum_{n=0}^{\infty}\frac{1}{n!} = 2.7,\ 1828,\ 1828,\ 45,\ 90,\ 45,\ 23,\ \cdots$$

$$e = (1+\frac{1}{\infty})^{\infty},\ \frac{de^x}{dx} = e^x$$

最美麗的數學公式：

$$e^{\pi i}+1=0,\ e^{i\theta}=\cos\theta+i\sin\theta$$

數學女神在實數系中挑選出兩個數並且賦予特別的角色，這真是一件奇妙的事情。第一個數是圓周率，其定義是圓的周長與直徑長的比值，大約是 3.141，古人已經知道這個比值對於所有的圓都相同。但是圓周率的記號 π 要等到 1706 年在 William Jones (1746–1794) 的書中才首次出現，取自 "perimeter"（圓周長）這個字的第一個字母。圓周率 π 很自然地在幾何公式中出現，但令人驚奇的是，它也在數論中出現。第二個數用 e 來表示，其值大約為 2.718，它到了 17 世紀才被發現。起初它的意義只有用當時發展的微分學才能理解。但是它的重要性很快的顯現出來。第一個為這個數命名的人是德國數學家與哲學家萊布尼茲（他選用的記號是 b，而不是 e）。後來 18 世紀領頭的瑞士數學家歐拉 (Leonhard Euler, 1707–1783) 才把這個數重新命名為 e。跟一般的自然猜測正好相反，歐拉並不是選他名字的第一個字母。因為他想要採用母音，並且他已經用了字母 a 來代表其它的數值，所以他只好選第二個母音的字母 e。

人們很快就發現 e 的重要性不亞於 π。e 出現在各種不同的場景以及很多的領域中。本章我們要介紹 e 所扮演的四個重要角色。

複利

瑞士數學家 Jacob Bernoulli (1655–1705) 發現了 e 的第一種意義，它跟複利有關。這裡有個例子：顧客 A 投資 1000 元，每年有 10% = 0.1 的利潤。

問題：10 年後，A 的本利和是多少？

第一個猜想到的答案是 2,000 元，因為 10 次 10% 的利潤，就是 100%。事實上，A 會有更多的錢。我們採用每年複利計算，即每年末的利息加入本金，當作次年的新本金。每年獲利 10% 代表每年的本金要乘以 1.1。一年後，A 的帳戶會有 $1.1 \times 1000 = 1100$ 元，也就是 1,100 元，這是第 2 年初的新本金。在第二年終，A 會有 1100×1.1 元，也就是 1,210 元。在第三年末，A 會有本利和 1210×1.1 元，第四年也遵循同樣的模式。k 年後，A 會有 1000×1.1^k 元。回到我們的原問題，10 年後 A 將會有 1000×1.1^{10} 元，而 1.1^{10} 大約等於 2.59，所以 A 會有 2,590 元。

顧客 B 比 A 更是雄心勃勃。他要求年利率少一點，為 $\frac{1}{20}$，但是每半年複利一次。

問題：10 年後，B 的本利和是多少？

在回答之前，思考一下：B 會比 A 賺的多還是少？答案是多！如果不是複利計算，兩個半年 $\frac{1}{20}$ 的利息等於一年 $\frac{1}{10}$ 的利息。然而，在這裡採用的是複利計算，因為 $(1+\frac{1}{20})^2 > (1+\frac{1}{10})$，所以兩個半年的利息高於利率 $\frac{1}{10}$ 的利息，所以 B 的獲利高於 A。計算一下 A 的本利和，20 個半年後 B 將有 $1000 \times (1+\frac{1}{20})^{20}$ 元，大約等於 2650 元。

顧客 C 更積極。他要求將 10 年分成 50 等分（50 個 $\frac{1}{5}$ 年），然後他每 $\frac{1}{5}$ 年領取 $\frac{1}{50}$ 的利息。同樣的計算得到 10 年末的本利和 $1000 \times (1+\frac{1}{50})^{50} \approx 1000 \times 2.69 = 2690$ 元。如果顧客要求將 10 年分成 100 分，他每 $\frac{1}{10}$ 年得到 $\frac{1}{100}$ 的利息，10 年末的本利和為 $1000 \times (1+\frac{1}{100})^{100} \approx 1000 \times 2.704 = 2704$ 元。

我們要尋找的數列是 $(1+\frac{1}{n})^n$，就如我們在上述範例看到的，當 n 增加時，數列的項也跟著增加。然而增長率 $\frac{1}{n}$ 卻減少，兩力相競的結果，數列並不會趨近於無窮，只會比 2.7 稍微大一點。可以證明極限 $\lim\limits_{n\to\infty}(1+\frac{1}{n})^n$ 存在，記為 e，約等於 2.718。這只是近似值，因為 e 不是一個有理數。在所有 e 的定義中，Bernoulli 的定義 $e = \lim\limits_{n\to\infty}(1+\frac{1}{n})^n$ 最常被採用。

數列 $(1+\frac{1}{n})^n$ 收斂到 e，我們不難發現，$(1-\frac{1}{n})^n$ 會收斂到 $\frac{1}{e}$。為明乎此，我們改寫 $1-\frac{1}{n}$ 為 $1-\frac{1}{n} = \dfrac{1}{(1+\frac{1}{n+1})}$，所以

$$(1 - \frac{1}{n})^n = \frac{1}{(1 + \frac{1}{n-1})^n} = \frac{1}{(1 + \frac{1}{n-1})^{n-1}} \times \frac{1}{1 + \frac{1}{n-1}}$$

當 $n \to \infty$ 時，最後項趨近於 1，而其前一項趨近於 $\frac{1}{e}$。這裡有一位英國作家 Graham Greene (1904–1991)，他獲得多次諾貝爾獎提名但未獲獎，他有一則令人感到陰森的故事。在他的青少年時期，他受到嚴重的沮喪所苦，並且玩了 6 次俄羅斯輪盤。每一次轉盤，他都有 $\frac{1}{6}$ 的機率會被殺死。問：他存活的機率是多少？每次輪盤他都有 $\frac{5}{6}$ 的機率存活，所以答案是 $(\frac{5}{6})^6$，也就是 $\frac{5}{6}$ 乘以 $\frac{5}{6}$ ……乘以 $\frac{5}{6}$（乘六遍），亦即 $(1 - \frac{1}{6})^6$。如我們看到的，這個數很接近 $\frac{1}{e}$，也就是比 $\frac{1}{3}$ 多一點 (0.37) 的機率存活，不是很多。Greene 的粉絲應該安心，但如果他成功殺死自己，他們當然不會知道。

祕密的朋友

在實際生活中，另一個出現 e 的例子是有關學校的習俗：「祕密朋友」週。班級上每個小孩都會被指定一位同學當作他（或她）的「祕密朋友」，而該名同學必須在匿名的情況下，送他一整個星期的禮物。指定祕密朋友這件事是用抽籤來決定的：將全班小孩的名字寫在小紙條上，折疊起來，放置在一頂帽子裡，每個學生抽取一張，上面寫的名字就是他的祕密朋友。很顯然，這樣馬上就會有個問題：如果抽到的紙條上面寫的是自己的名字。

問題：抽到自己名字的機率是多少？

令人驚訝的是，答案跟班上有多少人沒有關係：機率幾乎恰好為 $\frac{1}{e}$。幾乎恰好的意思就是，班上的學生越多，機率就越接近 $\frac{1}{e}$。這個數列是至今所探討過的三個例子中收斂速度最快的，十分迅速的逼近 $\frac{1}{e}$。如果班上有 30 個人，那麼機率與 $\frac{1}{e}$ 在小數點後 30 位才開始有不同。

算術平均與幾何平均

考慮 5 個人的體重，他們的算術平均就是體重的總和除以 5。一般而言，n 個數 a_1, a_2, a_3, $\cdots$, a_n 的算術平均 (arithmetic mean) 定義為

$$A_n = \frac{a_1 + a_2 + \cdots + a_n}{n}$$

例子：五個數 1、2、3、4、5 的算術平均為 $\frac{1+2+3+4+5}{5} = 3$

算術平均有個重要的性質：n 個數 a_1, a_2, a_3, $\cdots$, a_n 的算術平均等於將每個數都用 A_n 來取代所做的算術平均。

除了算術平均之外，還有其他不同的平均，最為人所知的就是幾何平均。n 個正數 a_1, a_2, a_3, $\cdots$, a_n 的幾何平均 (geometric mean) 定義為

$$G_n = \sqrt[n]{a_1 a_2 a_3 \cdots a_n}$$

例子：三個正數 3, 8, 9 的幾何平均為 $\sqrt[3]{3 \times 8 \times 9} = 6$。

幾何平均有個重要的性質：n 個非負實數 a_1, a_2, a_3, $\cdots$, a_n 的幾

何平均等於將每個數都用 G_n 來取代所做的幾何平均。

三個正數 3, 8, 9 的算術平均為

$$\frac{3+8+9}{3} = 6\frac{2}{3}$$

幾何平均為 6。因此,算術平均略大於幾何平均。

這並不是巧合。我們總是有這樣的結果:

算幾平均不等式:

假設 a_1, a_2, a_3, $\cdots$, a_n 為 n 個非負實數,則有算術平均數大於或等於幾何平均數,即

$$\frac{a_1 + a_2 + \cdots + a_n}{n} \geq \sqrt[n]{a_1 a_2 \cdots a_n}$$

並且等號成立的充要條件是所有數都相等。

例如 3、3、3、3 的算術平均當然是 3,而幾何平均也是 3。現在我們來看 1 到 100 之間的數之算術平均。就像在〈發現或發明〉(第 5 章)所說的一樣,它是 1 到 100 的中間值,也就是 $50\frac{1}{2}$。所以,它們的幾何平均一定比較小。它是多少呢?答案大約等於 $\frac{100}{e}$。一般來說,1、2、$\cdots$、n 的幾何平均大約為 $\frac{n}{e}$。這是蘇格蘭的數學家史特林 (James Stirling, 1692–1770) 證明的結果。

什麼是「大約」呢?這表示當 n 接近無限大時,幾何平均與 $\frac{n}{e}$ 的比值趨近於 1。在我們所舉的例子中 $n = 100$,算術平均大約是 37.933,而 $\frac{100}{e}$ 約為 36.788。兩個數的比值約為 1.03,很接近 1。當 n 越大時,這個比值越接近 1。

譯者註

1. 史特林公式（1730 年）：

$$\lim_{n\to\infty}\frac{n!}{\sqrt{2\pi n}(\frac{n}{e})^n}=1$$

通常記成

$$n!\sim\sqrt{2\pi n}(\frac{n}{e})^n \text{，當 } n\to\infty \text{。}$$

所以 1、2、…、n 的幾何平均 $\sqrt[n]{n!}\sim\sqrt[2n]{2\pi n}(\frac{n}{e})$。這就是上述所說的 1、2、…、n 的幾何平均 $\sqrt[n]{n!}$ 大約為 $\frac{n}{e}$。

2. 魔數 e 與微分公式 $\frac{d}{dx}e^x=e^x$：

考慮指數函數 $y=a^x$ 的微導，其中 $a>0$ 且 $a\neq 1$：

$$\frac{d}{dx}a^x=\lim_{h\to 0}\frac{a^{x+h}-a^x}{h}=a^x\times\lim_{h\to 0}\frac{a^h-1}{h}$$

可以證明，取 $a=e=\lim_{n\to\infty}(1+\frac{1}{n})^n$ 時，可得極限

$$\lim_{h\to 0}\frac{a^h-1}{h}=1$$

於是就有最奇妙的微分公式：

$$\frac{d}{dx}e^x=e^x \text{（歷劫不變）}$$

一個微分方程

一隻瓢蟲停留在笛卡兒坐標平面上的點 (0, 1)（參見〈數學的意象與詩的意象〉第 13 章），也就是在 y 軸上且高度為 1 的點，見下圖。牠開始往右邊沿著斜率為 1 的直線移動，亦即直線跟 x 坐標軸形成 45 度的傾斜角，這表示往右移動 1 單位距離時，向上也移動 1 單位距

離。當瓢蟲前進時,牠時時在改變移動的傾斜角度:牠移動的傾斜程
度(即斜率)總是等於牠在 x 軸上方的高度。舉例來說,當牠到達 x
軸上方 2 個單位的高度時,牠運動的斜率是 2,也就是向右移動一個
單位距離時,牠要向上移動兩個單位距離。

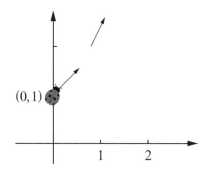

瓢蟲的移動是向右再向上。向上移動與向右移動的比值(斜
率)一直在增加:跟瓢蟲到 x 軸的距離相等。可以證明,
當瓢蟲向右移動 x 單位時,牠的高度變成 e^x,即函數 $y = e^x$
的圖形為瓢蟲所走的路徑。

　　很明顯地,瓢蟲爬得非常快:爬得越高,斜率上升越大。問題是:
牠所走的曲線可用公式寫出嗎?亦即在牠向右移動 x 單位後,牠將會
上升到多高?這個曲線的方程式為 $y = e^x$。換句話說,瓢蟲向右走 x
單位後,它上升高度為 e^x。舉例來說,移動一次,高度為 e;移動兩
次,高度為 e^2。就微分學而言,函數 $y = e^x$ 具有獨一無二的特性,那
就是它等於它的導微(一個函數的導微就是它的變化率)。這是由於 e
的特性,由此可推導出其它性質。函數 e^x 上升十分快速:舉例來說,
在向右移動 10 單位後,瓢蟲的高度 e^{10},大約 6000 個單位。

　　剛才所描述的東西叫做「微分方程」。這樣的一個微分方程規定了

曲線的行為。假設瓢蟲所走的路徑為函數 $y = f(x)$ 的圖形，在圖形上每一點 $(x, f(x))$ 的切線斜率都等於 $f(x)$。用公式來表示就是 $f'(x) = f(x)$（函數 $f(x)$ 導函數記為 $f'(x)$）。最簡單的微分方程是 $f'(x) = 0$，這表示導數恆為 0，也就是函數的變化率為 0（簡單來說，函數不變）。這個微分方程的解答為常數函數 $f(x) = c$，其中 c 為一個固定的數。

微分方程透過曲線的變化率，掌控著幾何學的曲線。它們是最有用且最具威力的數學工具之一。

歐拉是 18 世紀最偉大的數學家，並且是有史以來最多產的數學家之一。在他生命的最後 17 年受到眼瞎之苦，但是這並沒有影響他的創造性工作。(©Wikimedia)

譯者註

上述很辛苦描述的問題，就是如下微分方程的初期值問題：

$$(*) \qquad \begin{cases} f'(x) = f(x) \\ f(0) = 1 \end{cases}$$

簡潔如詩。其中 $y = f(x)$ 為未知函數。利用微積分可以解得 $f(x) = e^x$。

譯者補充

讓我們欣賞下面四則名言：

為了簡便起見，我們將永遠把這個
數 2.718281828459…… 用字母 e 來代表。
(For the sake of brevity, we will always represent
this number 2.718281828459… by the letter e.)

世界上發生的事情，沒有不具有極大值或極小值的意涵。
(Nothing takes place in the world whose meaning is not that of
some maximum or minimum.)

歐拉

讀歐拉，讀歐拉，他是我們所有人的大師。
(Read Euler, read Euler, he is the master of us all.)

Pierre-Simon Laplace (1749–1827)

歐拉做計算時不費吹灰之力，像人的呼吸一樣自然，
像老鷹在天空翱翔一樣流暢。
(Euler calculated without effort, just as men breathe,
as eagles sustain themselves in the air.)

François Arago (1786–1853)

26 真實或想像

不要太信賴它們

有些數看起來是真實的，但有些數就不是如此。有些數似乎是真實世界的一部分，其他的數似乎是任意的發明。最自然的數 1, 2, 3, … 我們叫做「自然數 (natural numbers)」。它們是看得見並且可觸摸得到的。四個蘋果是具體的存在。對於分數的存在性我們也從不缺少信心，因為二分之一或三分之一都是可以看得見並且感覺得到的。這並不是說，它們是平順地達到今天的地步。古埃及人只知道分子為 1 的分數，例如 $\frac{1}{2}$, $\frac{1}{3}$ 或 $\frac{1}{4}$ 等等，叫做埃及分數。羅馬人沒有給分數特別的記號，只是作口頭的描述。分數的記號是印度人發明的，傳到阿拉伯，再由阿拉伯人在 12 世紀時傳到歐洲。儘管它們的誕生很艱難，但是它們的存在性卻從未被懷疑過。

對照起來，有些數在過去曾被懷疑是虛構的，到今天仍然是如此。它們的真實性沒有比獨角獸 (unicorn) 好多少，研究它們的數學家只是在玩假裝相信的遊戲。這就是 0 的命運，至少從表面上看，它是沒有東西（空無），也不點算 (count) 任何事物。在歐洲一直要等到 12 世紀，0 才獲得尊敬。

~~~譯者註~~~

法國偉大數學家 Alexander Grothendieck (1928–2014) 說：「有兩樣東西是不顯然的：零的概念以及從未知的黑暗中引出新觀念。」要把空無看做一個數，並且創

造記號 0 來表現，這是很不簡單的事情。印度數學家約在 7 世紀完成這件事情。0 的概念之所以在印度產生並得以發展，是因為印度的哲學與佛教存在著「空無」的思想，並且把它視為比存有更基本的實在。0 在 8 世紀傳到阿拉伯，再從阿拉伯傳到歐洲。

負數也發生過類似的事情。今日小學生背誦遞減的數如 9, 7, 5, 3, 1 時，班上的孩子通常會有兩三位會繼續說 −1, −3, −5, …。這只是表示今日的負數概念是多麼自然，如同小朋友向空中伸手就輕鬆得到似的。但很難相信這個概念在 19 世紀時，仍然遭到猛烈的攻擊。著名的法國數學家 Lazare Carnot (1753–1823) 這樣說：「為了考慮負數，必須從 0 去減去某數，即從空無取出東西來，這根本是極度的精神錯亂。」在 Busset 所著的法國數學手冊中指出，法國數學教育最根本的問題是要教導負數的概念。他寫道：「考慮小於零的數是愚蠢的。」在 1831 年，一位重要的英國數學家 Augustus De Morgan 寫道：「日常問題中說到負數是錯誤的表述。如果我們問商店老闆賺了多少錢，得到的答案是 −10，這表示我們應該問：他賠了多少？」然後答案就是正數 10。當我們問：「Robert 的歲數再過幾年就會是 Sherman 的兩倍？」若答案是 −3 的話，我們就該這樣問：「在多少年前 Robert 的歲數會是 Sherman 的兩倍？」此時答案應該是一個正數：「3 年前」。「−10 美元的利潤」表示損失 10 美元，或者說「−3 年」就是「3 年前」，這些概念都已是不證自明。

另外還有一些數被認為是想像的數，我們稱為虛數。今日，這些數跟實數有類似的地位，但是它們多披了一層神祕的面紗。事實上，它們真的是有夠神奇。

虛數與複數

新類型的數通常是為了要解方程式而產生。負數是為了解如 $5 + x = 2$ 的方程式而出現（解答為 $x = -3$）。有理數是為了解決如 $3x = 2$ 的方程式而出現（解答為 $x = \dfrac{2}{3}$）。無理數最初是為了解方程式 $x^2 = 2$ 而出現（解答為 $\pm\sqrt{2}$）。另外一類就是虛數。因為任何實數的平方大於等於 0，所以形如 $x^2 = -9$ 的方程式，沒有實數的解答。虛數是由義大利數學家 Rafael Bombelli (1526–1572) 發現的（這個概念在那裡等待著被發現）。他談到了一個數，其平方後為 (-1)，此數即為 $\sqrt{-1}$，但他並沒有給它命名。後來由笛卡兒命名為「**虛數**」(imaginary number)。再由歐拉於 1777 年提出至今被公認的 $\sqrt{-1}$，記為 i（取自 imaginary 或拉丁語 imaginarius 的第一個字母）。一旦我們得到虛數後，就可以求解形如 $x^2 = -9$ 的方程式，得到解答為 $3i$ 或 $-3i$。

為了求解其它更複雜的方程式，如 $x^2 + x + 9 = 0$，我們需要結合虛數 i 與實數，例如 $5 + 3i$ 或 $\sqrt{2} + \dfrac{2}{3}i$。一般而言，形如 $a + bi$ 的數，其中 a, b 都是實數，叫做**複數** (complex numbers)，因為這種數是由實數與虛數組合而成的。

德國數學家 Leopold Kronecker (1823–1891) 說：「自然數是神造的，其它的都是人造的 (God created the integers, all else is the work of man.)。」 從可見的 (visible)、可觸摸的自然數系 $\mathbb{N} = \{1, 2, 3, \cdots\}$ 出發，因應代數學的需要，逐步建造出不可見的 (invisible)、不可觸摸的、抽象的 $0, -1, -2, -3, \cdots$。然後在代數的光照下，創造出更多的數系：整數系 $\mathbb{Z}$，有理數系 $\mathbb{Q}$，實數系 $\mathbb{R}$，複數系 $\mathbb{C}$：

$$\mathbb{N} \subset \mathbb{Z} \subset \mathbb{Q} \subset \mathbb{R} \subset \mathbb{C}$$

代數學基本定理

為了解方程式的需要，我們把舊數系，加入新的數，但沒有破壞舊數系的結構，延拓成較大的新數系。這個延拓過程到底是有結束的時候或會無限地持續下去？幸運的是，複數系已足夠求解方程式的需要，無需再延拓了。這個重要結果有個莊嚴的名字叫做「代數學基本定理」(the fundamental theorem of algebra)，它是高斯在 1799 年 22 歲時證明的。這是存在性定理：在複數系的領域，任何次數大於等於 1 的「多項式」方程式，如 $x^5 + 4ix^4 - 3x^3 + 10x + 1 + i = 0$ 都存在有複數的解答。若方程式的最高次數為 $n \geq 1$，則由因式定理知，它具有 n 個複數根（上例中的方程式是 5 次的，所以有 5 個複數根）。

實際上，這個結果不只在多項方程式中成立，對於幾乎所有的方程式都會有解答。這就是 Picard 定理，它指出用一些正規的運算（如乘法、除法、指數、三角函數）編造出的方程式都有機會擁有複數解。「有機會」表示方程式的右項給任何值，除了某個特殊值之外，都有

解答。舉例來說，方程式 $2^x = 3 + i$ 有解，而且可用任何數取代 $3 + i$，也都有解，只有數字 0 除外。因為 $2^x = 0$ 沒解答。「幾乎所有的方程式都是有解」，這是令人相當驚訝的。討論方程式的解，複數才會真正的成為最後終結者。這不代表數學界不會再發明新的數系，只是不會再為了解決方程式而發明。（註：往後還有四元數與八元數）

複數如何誕生

早在古希臘時代，人們就提出需要發明代表負數的開方數，但他們沒有設計出記號來代表這些數，更沒有賦予它們為「數」的地位。複數誕生在 16 世紀，它的故事很吸引人。16 世紀的數學家將形如 $x^2 = -9$ 的二次方程式簡單地以無解來處理，這是為了避免發明新數所採用的措施。但那時數學家已經能夠求解三次與四次方程式了，其中出現了一個令人尷尬的現象：有時方程式中有實數解，但是在求解的過程中需要用到複數。因為在這種情況下，他們不願意放棄這些解決方案，所以當時的數學家不得不承認存在負數的開方數。

　　歷史上經常發生的情況是，看似純粹理論的東西，後來證明卻非常有用。複數在波動理論、電子工程、量子理論以及許多其它領域都有應用。為何會如此呢？主要原因是歐拉發現的一個神奇的公式。

世界上最漂亮的公式？

若數學要進行選美比賽，可以按這樣的類別來進行：定理、證明、公式。在公式這一項中，找不到能跟下面歐拉公式競爭的對手：

$$e^{i\pi} = -1 \ \text{或} \ e^{i\pi} + 1 = 0$$

這是經過對數學家的問卷調查，結果此式被公認為數學中最美麗的公式。注意到，在這個簡短的公式中，有五個數學最重要的常數出現：0、1、π、e、i，以及負號與等號。歐拉同時代的人對這個公式著迷，而期望它能揭開宇宙的奧密。然而這並沒有發生，但公式卻無疑的且完全出乎意料的重要。歐拉公式的真正重要性在於它是一個更一般公式的特例。一般化的公式是對於任意實數 x，都有：

$$e^{ix} = \cos x + i \sin x$$

此式也叫做歐拉公式，它對 x 為任意複數的情形也成立。

在歐拉公式的右側中，角度 x 以 「弧度」 為單位；1 弧度約為 $57°$。弧度的精確定義是：2π 弧度等於 $360°$，而 π 弧度是 $180°$。令 $x = \pi$，因為 $\cos \pi = -1$ 且 $\sin \pi = 0$，所以 $e^{i\pi} = -1$。三角函數 $\cos x$ 與 $\sin x$ 是用來描述周期波動現象的基本工具。這就解釋了為什麼這個公式在物理學和電子工程學中非常有用，並且起了關鍵的作用。當它應用於複數時，歐拉公式描述著，三角函數與指數函數幾乎是相通的。

譯者註

在公式 $e^{i\pi} = -1$ 或 $e^{i\pi} + 1 = 0$ 中：

0、1代表算術（數論），π 代表幾何學，i 代表代數學，e 代表分析學。而公式 $e^{ix} = \cos x + i \sin x$ 連結著指數函數與三角函數，彷彿是巴拿馬運河連結著太平洋與大西洋，也可以當作整個三角學的出發點。

我心雀躍，當我看到
天邊的彩虹：
此情從小就開始；
此情到如今依舊；
願此情天長地久，
否則毋寧死！
孩童是成人的父親；
且盼我的日子能夠
以大自然的虔誠
編織成朝朝暮暮。

William Wordsworth (1770–1850)

《我心雀躍》

27 無預期的組合

我發現了！

有人獻給 Syracuse 國王 Hiero 一個皇冠，是用金子打造的。國王懷疑是否為純金，於是請阿基米德（Archimedes，西元前 287–前 212）鑑定。阿基米德是有史以來最偉大的三位數學家之一（另兩位是牛頓與高斯）。他接到這個任務就開始思考，有一天當他在泡湯時，感覺身體的重量減輕了，突然領悟到國王的問題與水中身體的減重有關連。他高興得顧不了穿衣服就裸體衝到大街上，大聲叫喊："Eureka! Eureka!"（我發現了！我發現了！）從那時起，這個叫喊就代表發現的狂喜，一直沿用至今。這個發現催生了著名的阿基米德的浮力原理，這是指：物體在水中減輕的重量等於物體排開水量的重量。

匈牙利猶太裔的英國作家庫斯勒 (Arthur Koestler, 1905–1983) 在《創造的行為》(*The Act of Creation*) 這本書中論述說，創造的行為是創造性主意誕生的唯一方式。每一個創造都是結合創意而形成的。換句話說，創造力不是無中生有，而是將既有的想法連結起來。正如庫斯勒所說，創造是兩個思想平面相遇的結果。他把這個過程稱為「雙結合 (bissociation)」。一個典型的例子是巴斯德 (Louis Pasteur, 1822–1895) 發現疫苗的故事：有關巴斯德在一個實驗中，將雞隻感染霍亂病菌的過程。有一天，他放暑假回來，並不想扔掉夏天前留下來的細菌培養物，於是用它們感染一批雞。這些雞只是病情輕微，因此很快就康復了。由於細菌又老又弱，所以他並不覺得意外。令人驚訝的是，巴斯德的助手再用正常的霍亂病菌去感染同樣這批雞時，牠們都沒有

患上這種疾病。當巴斯德聽到這個消息時，他只停頓了一會兒，然後說道：「你不明白嗎？他們接種了疫苗 (vaccinated)！」這不僅是人類歷史上最有用而且也是最明智的洞察力，因為當時的 "vaccinated" 跟今日所理解的「接種疫苗」並不相同。當時的 "vaccine"（"vacca" 是拉丁語的「牛」之意）是指英國醫生 William Jenner (1815–1898) 在一個世紀前的一個發現。Jenner 從村民那裡聽說，感染牛痘的人對天花是免疫的，所以建議人們故意去感染牛痘。但是他對過程背後的機制一無所知，更無法想像細菌是何物。然而，巴斯德一下子就明白這種機制，將 Jenner 的過程與他的雞隻所發生的事情連結起來。

～✒✒ 譯者註 ✒✒～

巴斯德簡介：巴斯德是法國微生物學家、化學家，微生物學的奠基人之一。他倡導疾病細菌學說（菌原論）並且以發明接種疫苗的方法來預防疾病而聞名，被世人稱頌為「進入科學王國最完美無缺的人」。他也被尊稱為「微生物學之父」。他有許多鼓舞心靈的名言，僅引下列五則：

1. 機會只偏愛那些有準備的人。

2. 一個人必須工作；一個人必須工作；我盡全力地工作著。

3. 我越研究大自然，越驚奇於造物者的鬼斧神工。

4. 讓我來告訴你，我達成目標的奧祕吧，我唯一的力量就是我的堅持精神。

5. 知道如何驚奇以及如何提問題的藝術，是邁向發現的第一步。

　　許多科學家也是以如同上述的方式得到他們的發現。20 世紀偉大的英國數學家阿蒂亞 (Michael Atiyah, 1929–2019) 說，他會跟人們討論他們的工作，聽取來自不同領域的想法，而且往往在當時就會跟他的問題連結起來。20 世紀偉大的美國物理學家費曼 (Richard Feynman, 1918–1988) 也說：「要成為一位天才是容易的。」他解釋道：「我只是在腦子裡滾動我想要解決的問題，直到某件事情發生並且連結到它。」

　　在某種程度上，數學中最著名的費馬猜測 (Fermat's Conjecture) 也是以這種方式解決的。這個猜測（今日已變成定理）是說：*若 n 為大於 2 的自然數，則方程式 $x^n + y^n = z^n$ 沒有不全為零的整數解。*費馬宣稱他證明了它，所以這個猜測也稱為「*費馬最後定理*」(Fermat's Last Theorem)。當年費馬研讀代數學之父丟番圖 (Diophantus，約 200–284) 的《算術》(*Arithmetica*) 這本書時，曾經在書的邊緣寫下這個猜測，又加上一句話：「我有一個美妙的證法，但是沒有足夠的空白寫下它。」這個猜測困擾數學家 350 年左右，如此簡潔的方程式卻折磨了好幾世代的數學家。關鍵性的一步是，在 1950 年代它竟然意想不到地連結到完全不相關的谷山－志村猜測 (Taniyama-Shimura Conjecture)。這個猜測在 1995 年被英國數學家懷爾斯解決（證明真的太長了以至於無法寫在任何一本書的邊緣上），連帶地費馬的猜測也跟著一起證明了。

　　庫斯勒宣稱，每一次的發現都是將先前的想法結合在一起的結果，這可能是誇大其詞。一個跟已知概念無關的全新概念，必須偶爾出現才行。但是我們不可否認，這才是美的最豐富泉源之一。

庫斯勒寫有兩本關於科學史與科學創造的名著：

1. *The Sleepwalkers : A History of Man's Changing Vision of the Universe*. 1959. 這是一本科學史，探討人類宇宙觀的變化史，其中的夢遊者 (Sleepwalker) 是指克卜勒。

2. *The Act of Creation*. 1964. 在這本書中，他很有野心地探討科學創造的機制。

　　費曼教人如何當天才的方法：「讓你的腦海裡時時想著最喜歡的 12 個未解決問題，即使只是在潛意識裡也好。每當你學到一個新招數，第一件事就是拿來對這些問題試一試，看看有沒有什麼幫助。等你偶爾成功一次，別人就會說：天啊，這是怎麼辦到的？你真是天才！」

詩中不可預期的組合

> 你為空無而放棄的旋律又回來了
> 道路的眼睛更開闊了。

詩最期待的事情是出現意想不到的組合。舉例來說，打開 Nathan Alterman (1910–1970) 的詩集《星空在外面》就出現上面兩行詩句。「道路的眼睛」措詞讓讀者感到困惑，讀者必須在自己的內部進行搜索：步行者沿著道路開展的世界，就像打開眼睛一樣？在他的眼裡將找到比外面世界更多的東西嗎？下面是 Alterman 的另一個組合，開頭是「無盡的遭遇」（《星空在外面》的第二首詩）：

> 因為你衝著我而來，我會永遠玩著你
> 沒有一堵牆會阻止你，為了空無我會豎起障礙！

　　暴風雨結合著音樂演奏以及無法抵擋的泡沫河流，我們甚至意識到可以玩一個心愛的人。然後這首詩就轉移到，例如「交戰的街道，滴下山莓的糖漿」，「交易的城市，痛苦與聾子」的組合。

　　意想不到的組合就是將遙遠的模式取來結合在一起，並且找到它們之間相似的地方。在許多詩人的眼裡，這是詩的主要特徵。詩意的組合可能很怪異，但絕不是隨意的。它揭開了兩種模式之間的真正相似性。事實上，在「打開一個人的眼睛」與「一個人散步時道路在眼前的開展」之間有相似之處。「交戰的街道」或「滴下山莓的糖漿」是適當的組合，不是因為街道可以戰鬥或滴血，而是因為情人失和吵架後，滴下了痛苦。由外在世界來看，那裡沒有多少邏輯，但從內在意義來看，卻肯定是存在的。

駕馭在一起

> 你不可並用牛驢耕地。
>
> 《申命記》(Deuteronomy 22:10)

在希臘修辭中，"syllepsis" 意指把相隔很遠的要素連結在一起。而 Nathan Alterman 是這類組合的大師。

> 從沉默與玻璃窗格
> 六月的夜晚易碎
> Nathan Alterman, "A Poem about Your Face," *Stars Outside*

讀者被迫在自己內部尋求其含意。也許他會在心靈之眼中，看到自己在玻璃窗前一條安靜的街道上行走著，或者想到安靜是多麼脆弱，多

麼珍貴。我們再舉 Alterman《星空在外面》的另一首詩《在陽光中的市場》，看看發生了什麼事情：

> 伴隨著塵埃的聚集，暴虐和冒泡的騷動，
> 伴隨著火紅的蘋果和油的風暴，
> 伴隨著鐵吶喊著在鐵鉆上彎曲，
> 伴隨著數千個錫桶的盾牌，
> 市場站立著，
> 在陽光下冒著泡泡！
>
> 　　　Nathan Alterman，《在陽光中的市場》，《星空在外面》

市場的多姿多彩需要有豐富的意像。這首詩利用陽光的騷動來描述噪音與喧囂，然後將其歸因於國王的人性特徵。將火與蘋果連結（可能指涉火焰的形狀）；鐵的「彎曲」（像站在國王的面前鞠躬）；浴缸是騎士的盾牌；光線伴隨著河流的泡沫——這裡有更多的東西，不僅僅是兩個思想平面的交會而已。

Nathan Alterman 出生於波蘭的華沙；1925 年移民到巴勒斯坦。(©Wikimedia)

28 什麼是數學？

定義者的艱苦生活

> 他們說世界上有愛。
> 什麼是愛？
> Hayyim Nahman Bialik, "Take Me under Your Wing"

> 我不會 [⋯] 試圖進一步去定義 [色情]。
> [⋯] 但是當我看到它時我就知道了。
>
> 美國最高法院法官 Potter Stewart

> 我們可能並不完全知道什麼是美麗的詩，
> 但是這並不妨礙我們讀到好詩時認出它。
>
> 英國數學家哈第
> 《一位數學家的辯白》(*A Mathematician's Apology*)

若要一個數學家定義他的行業，他可能會口吃。一個物理學家能說出他所研究的是什麼，但是數學家即使經歷過長久的研究，還是很難去定義他的職業。按照數學主題來看，一個常見的定義是：**數學是研究數與形的科學**。換句話說，就是代數學和幾何學。這很有道理，因為幾乎每門現代的數學都是由這兩個領域之一發展出來的，而且幾乎每一門數學領域都會涉及幾何或代數的問題。奇怪的是，數學發展得越進步，就越難區分這兩個領域：數與形本一家，幾何對代數有貢獻，而代數也會出現在幾何之中。但不可避免的是，代數或幾何只會出現

在「幾乎」所有的數學領域中，但並不是全部。舉例來說，數學邏輯（這在以後的章節中會談到）不觸及任何的幾何學，也不涉及代數學，再者像第 3 章的〈螞蟻在竿子上的奇妙現象〉：使用到的概念——「碰撞」和「方向改變」——沒用到代數，也幾乎用不到幾何。

抽象化

如果是這樣的話，那麼數學有何特別之處呢？為了回答這個問題，讓我先講一個來自小學的故事。當我到國小教課時，我有時會問一年級的學生：2 支鉛筆加 3 支鉛筆總共有多少？孩子們學到，加法是合併的意思，所以他們將 2 支鉛筆與 3 支鉛筆合併，得到有 5 支鉛筆。接著我問：2 個橡皮擦和 3 個橡皮擦總共有多少？他們立刻回答：「5 個橡皮擦。」

> 「你怎麼知道的？」
> 「因為我從鉛筆看到的。」
> 「那又怎樣？」我爭辯著。
> 「也許對橡皮擦就會不同？」

孩子們笑了起來。但我的問題是認真的。它的背後蘊含著數學的核心觀念：**普遍性** (generality)。數學會跳過次要的細節，只保留重點。在此情況下，重點是 3 個物體加 2 個物體等於 5 個物體，不管它們的性質或在空間中的排列如何。當然，我們在任何時間與任何領域，都在進行**抽象化** (abstraction) 的工作。數學的特殊之處在於，它將抽象化提升到一個極致，將其應用於最基本的思考過程。

最典型的例子就是數的概念。數是經由最基本的思維過程，將其抽象化而誕生：將世界上的東西定下單位，並且把它們命名為「蘋果」、「家庭」、「國家」等等。點算 (counting) 就是計算相同單位重複的次數：「2 個蘋果」、「3 個蘋果」、「4 個蘋果」……。

弗列格 (Frege)

19 世紀歐洲的工業革命影響深遠，不僅是改變人類的生活品質，而且也改變人類的自我認知。人們一經認識到機器可以取代人類的肌肉和技術，就越加相信人類與機器相似的想法。毫無意外的，達爾文 (Darwin, 1809–1882) 的演化論在當時的英國這個工業革命的搖籃中誕生，改變了人們對於自己在世界上地位的看法。這一切很快就導致一臺機器也可以在思想上取代人類的想法。在 19 世紀中期，數學家與哲學家 Charles Babbage 試圖建造一個新的計算機器。巴斯卡善於製造計算機器，但 Babbage 的機器有一個奇妙的特色：它可以程式化。Babbage 並沒有完成他的作品（一架由他的藍圖建構的機器在一個半世紀之後才完成），但這個想法在英格蘭引起了軒然大波。

大約 20 年後的 1870 年代，德國耶拿大學一位名叫弗列格 (Gottlob Frege, 1848–1925) 的數學家與哲學家提出一個更野心勃勃的想法。他指出，不僅機器可以進行數學運算，人類的思維本身也可以像機器一樣運作。如果人的思想可以機械化，那麼就可以用數學方法來研究它，就像天體的運動或試管中液體的流動一樣。在所有人類思想中，遵循最清晰和最明確規律的數學就應該首先被研究。這是一個驚人的想法：以數學方式來研究數學思想。換句話說，就是設計一個數學的數學（或稱 "metamathematics"，後設數學）。

　　在電腦時代，這樣的想法看起來很自然。今天我們知道機器可以思考，並且它們的思想可以成為數學研究的論題。在 19 世紀末，甚至連達爾文的演化論都是相當大膽的洞見，是新奇的且有爭議的。這讓人類最後的獨特性「**抽象思考**」都要屈服。事後看來，這是一個不亞於 Babbage 計算機器的重要轉折點。

譯者註

人類被定義為「會思考的動物」或「會使用工具的動物」，這構成了人的獨特性。兩者都被打破了，因為機器會思考，非洲的黑猩猩會使用工具。

　　數學思想有很多面向：建構概念以跟世界的現象相對應、形成猜想和建立理論。但是數學家最看重的部分是證明。弗列格將自己限制在這一方面的**數學思想**，主要是因為它符合形式化。他論證說，證明是一種機械化的過程、一個帶有符號的紙上遊戲，遵循明確甚至非常單純的規則。這是一個「遊戲」，因為它有嚴格的規則，有允許與禁止的動作，跟棋戲沒有本質上的差別。弗列格把證明定義為一系列寫在紙上的句子，其中每一個句子都是由前提，按演繹規則得來的。生活在 21 世紀的我們很容易接受這個想法，因為這就是電腦的運作方式。一臺電腦把一系列符號，透過編碼化成電子訊號，再根據設計的程式規則進行操作。它接收輸入的一系列符號，並且輸出另一系列的符號。今天，這一切都不需要解釋即可理解的；但是在弗列格的時代，要理解在紙上對符號作形式運算可被視為「思想」，這可以說是個突破性的創舉。

　　弗列格的想法首先出現在一篇論文中，接著出現在 1879 年出版的《算術基礎》(*Foundations of Arithmetic*) 三冊中的第一冊，只是這本書幾乎完全被忽略了。唯一的回應是康拓對這本書的毀滅性評論（在第 9 章〈實數系〉中我們已經提過康拓）。正如我們看到的那樣，康拓自己也受到其他數學家類似的對待。受難的弗列格發表了第二冊，其中他攻擊了他那個時代的數學家，但第三冊則永遠沒有出版。

　　對人類來說，必須要花費很長的時間才能夠消化弗列格的發現，但因為羅素 (Bertrand Russell, 1872–1970) 小時候有位德國保姆，因此他了解德文。羅素前往德國，閱讀了弗列格的論文，並且了解到其重要性。他回到英國後，尋求他在劍橋大學的老師懷海德 (Alfred North Whitehead, 1861–1947) 的幫忙，一起完成一項艱鉅的任務：利用弗列格設計的形式語言來寫出當時的一部分數學。他們共同的工作成果，出版為三冊厚重的《數學原理》(*Principia Mathematica*)，幾乎是難以閱讀，但卻改變了「數學邏輯」這個領域。

　　對於弗列格來說，數學意味著玩符號的遊戲。數學家先選擇一個公理系統，譬如數論公理（例如：對於任意數 n，恆有 $n+0=n$）。接著，根據嚴格且明確的證明規則，檢查可以從公理證明的定理。正如我所提過的，這是對數學的狹隘看法。它忽略了一些事情，例如挑選公理的過程：為什麼選擇了這個特定的系統，而不是另一個？事實上，公理系統不會突然出現，它們在描述實相。公理系統的品質會決定它們的結論是深刻的或是貧乏的。一個有經驗的過來人知道，如果公理來自於現實，它們的結果將會是豐收的。

　　弗列格告訴我們，證明的正確性可以機械化的檢查。那麼更重要的任務是，如何尋找證明，也就是說，施展證明的行為本身？我們很快就會看到，並沒有機械化的方法可以做到這件事。證明一個定理並沒有一定的規則。今日電腦還缺乏那個能引導數學家得到證明的直覺。我個人認為，有一天數學的這一面思想將會被理解，並且電腦將能夠證明定理、提出猜測。簡而言之，在所有的面向電腦都可以取代數學家的角色。當這種情況發生時，要歸功於弗列格和他所做的工作。

德國數學家與哲學家弗列格 (©Wikimedia)

～♪ 譯者註 ♪～

科學研究這個或那個世界中的學問，數學則研究所有可能世界中的學問。換言之，數學適用於所有的世界，經濟學只適用於地球社會。我們相信，若有外星文明存在，我們地球人的數學可以跟外星人的數學相通。

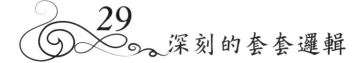

29 深刻的套套邏輯

> 它就像一個似曾相識的不斷重複。
>
> 棒球運動員 Yogi Berra

> 我們絕大多數的進口來自國外。
>
> 布希 (George W. Bush) 曾任美國總統

> 我總是認為紀錄會一直保持著，直到它被打破為止。
>
> Yogi Berra

> 所有的數學都是同義反覆（套套邏輯、恆真式）。
>
> 奧地利哲學家維根斯坦 (Ludwig Wittgenstein, 1889–1951)

> 數學和哲學有什麼區別？
> 在數學中，某人重要是因為
> 某人說了一些重要的話。
> 在哲學中，某事重要是因為
> 某個重要的人說了某事。
>
> 無名氏的數學家

在 1820 年，假設月亮存在有智慧的居民，為了跟他們進行交流，高斯建議：在西伯利亞清除森林，建立畢達哥拉斯定理的圖形（在第 7 章〈數學的和聲〉中出現的圖）。這個定理在宇宙中的每個地方都是有效的，它始終存在，畢達哥拉斯只是發現了它。換句話說，它的訊息隱藏在其假設中。它似乎沒有真正包含任何新的信息，亦即它是一個同

義反覆（tautology，套套邏輯或恆真式）。這就是維根斯坦在上述引文中所說的話。

希臘語中的 "Tautologia" 意為「一個同義詞」。它是一個空洞的語句，不包含任何新的信息。例如，「水是濕的」。邏輯中的「同義反覆論證」表示總是正確的一個論證，例如：「如果今天是星期二，那麼今天就是星期二。」透過我們在前一章中看到的，數學證明是一系列的恆真式組成的。透過恆真式的幫忙，每一行的論述，都由前一行來確認。然而，這仍然跟維根斯坦在上面的引文中得出的結論：數學是恆真式的集合，還相去甚遠，因為挑戰在於以正確的順序連接這些恆真式。首先必須猜出正確的定理，並且必須找到要添加的正確的邏輯鏈。畢氏定理確實是恆真式的組合，但這並不意味著它沒有信息，因為它是一種智能的組合。正如我的一位老師曾經說過的，「證明是一種顯然陳述的非顯然組合」。眾所周知，有了發現之後，一切就容易。一旦完整給出證明，要檢查其正確性只不過是如孩子的遊戲。工作的重點在於發現它，即知道要往哪個方向走。說「數學是同義反覆」就像是在說艾菲爾鐵塔 (Eiffel Tower) 只不過是金屬棒和螺絲釘的組合。

譯者註

邏輯學探討思想律 (laws of thought) 以及推理論證有效性的規則，其中的 "tautology" 代表恆真式，「套套邏輯」是音譯。

帶有訊息的恆真式

在詩中也會發生類似的事情：在那裡，顯明的恆真式經常傳達著硬真理。詩的恆真式以眨眼的方式寫成：若說是空洞，那是誤導。下面是

Nathan Zach (1930–) 的一首詩《我聽到某些東西掉落》，這是一系列的恆真式組成。

> 風說，我聽到有某些東西掉下來。
> 沒東西，這只是風，母親再確認。
>
> 你是有罪的以及你，也是有罪的，法官
> 主宰著被告。男人只是個男人
> 醫生向驚嚇的親友解釋。
>
> 但是為什麼，為什麼，年輕人問自己，
> 不相信他的眼睛。
>
> 那些不住在山谷的人住在山坡上
> 地理老師如是說
> 沒有特別的熱情。
>
> 但是只有風讓蘋果掉下來
> 記得母親從她兒子那裡藏起來的東西：
>
> 安慰將永遠，永遠不會到來。
> 　　Nathan Zach，《我聽到某些東西掉落》，取自《其他詩》

　　有趣嗎？也許。但也很難避開絕望。這首詩的英雄面對空洞的陳述感到震驚，而這個訊息是人的存在充滿著絕望；為了實現生命的終極目標，沒有什麼特別的東西需要知道。

俳句詩 (Haiku poems)

俳句是一種嚴謹的日本詩的風格，限定三行 17 個音節（5–7–5 日文寫

的俳句）。俳句詩經常描繪著跟特定季節有關的自然場景。日本詩的學
者 R. H. Blyth 說，俳句詩總是同義反覆，它們不包含任何新的訊息。
俳句詩較關心那沒有發生的，而不關心那發生的：

> 變暗的海洋
> 野鴨的聲音
> 隱約的白色漸消失。
>
> 松尾芭蕉

在外部，鴨子已經消失了。在內部，發生了一些事情：牠們的聲音在
聽者的身上留下了印記。將外部作用極小化，給內心作用留下了空間。

> 獨自到達
> 獨自探望某人
> 在秋天的黃昏裡。
>
> 與謝蕪村 (Yosa Buson, 1716–1784)

「獨自到達，獨自探望某人」的措辭幾乎是同義反覆。但是誰拜訪誰
並不是重點，重要的是在自己內部發生的事情，以及在昏暗的秋天閱
讀這首詩，所產生的感覺。

> 古池　蛙躍　水之聲
>
> 松尾芭蕉，英譯者 R. H. Blyth

青蛙就像鴨子一樣，消失了。這仍然是另一種同義反覆：Blyth 寫道，
水的聲音被融入古老池塘，這裡沒有什麼新的東西。

譯者註

這首俳句的日文如下：

> 古池や　蛙飛び込む　水の音

不用漢字就是

> ふるいけや　かわずとびこむ　みずのおと

恰好 17 音節。17 是質數。

> 黎明升起
> 暴風雨
> 被埋在雪中。
>
> Edo Watsujin (1758–1836)

> 暴風雨過後的隔天
> 辣椒發紅。
>
> 松尾芭蕉

這些俳句詩告訴我們：「外面的暴風雨並不重要」，看起來內在發生的事情並不依賴於外在的事件。

> 一朵山茶花開了。
> 一隻公雞啼叫著。
> 另一朵花也開了。
>
> 櫻井白輝 (Sakurai Baishitsu, 1769–1852)

譯者註

在日本稱 17 音節的短詩為俳句 (haiku)，它是世界上最簡潔的文學形式：「用最少的文字表達最多的思想和感情」。俳句強調具體而反對空靈，要在生命的流變不息中把握當下瞬間的情趣（微積分亦然！），它是東方文學最後的精華，是東方文化在日本所綻放出的最後花朵。

俳句是以最適切且最經濟的詩句，描寫自然的一個片斷與一剎那的感動，如雷雨中的閃電，如寺廟的懸鐘，平時沉寂無聲，有人一叩，忽發清籟之音。

俳句的偉大詩人松尾芭蕉被尊稱為日本的「俳聖」。《奧之細道》（1702 年）是他的代表作，書中記述他跟弟子河合曾良 (Kawai Sora, 1649–1710) 在 1689 年從江戶（東京）出發，遊歷東北、北陸至大垣（岐阜縣）為止，一路上的見聞，以及有感而發所寫的俳句。目前這條步道也叫做「奧之細道」，聞名世界，成為詩人墨客喜愛重訪與遊歷的步道。

芭蕉說：「吾一生所吟之句，莫不以一句為辭世。」詳言之，人生沒有重複，生命的每一刻都只有一次，自己所詠唱的俳句都是遺言，都是辭世，由此可看出他的覺悟是多麼的具有深度。

芭蕉是一位安貧樂道的詩人。他對世事的無常有深刻的體悟，他慈愛眾生，視詩為實相的洞識，而不只是藝術或文學作品而已。他志在求得赤裸裸的真理與毫無做作的樸實，他永遠沉潛於絕對之美。

詩人擁有繆思女神的魔力，平凡事物經過詩人的撫觸立即化腐朽為神奇。因此，讀一首好詩，如打開一扇窗，突然窺見一個美，一個靈悟，一個神奇。

對於詩人描寫得最精彩的是莎士比亞，他在《仲夏夜夢》中寫道：

> 詩人的眼睛，在靈感的狂熱中只消一翻，
> 便可從天堂窺到人間，從人間窺到天堂；
> 想像力可把未知的東西變成具體
> 詩人的筆可以描寫出它們的形狀，
> 並且給虛無縹渺以住址和名字。（梁實秋譯）

30 對稱性

老虎！老虎！燃燒著晶亮
在夜晚的森林裡
是什麼不朽的手或眼睛
能建構出你驚人的對稱性。

英國詩人 William Blake (1757–1827)，《純真與經驗之歌》

對稱性的經濟效用

在我小時候，學校的一本教科書講述一位國王的故事。國王請來兩位藝術家繪製皇室，每一位負責房間的一面牆。一位藝術家工作了好幾個月，而另一位藝術家只是懶散地坐在那裡。直到最後一天，第一位藝術家完成作品後，另一位藝術家將鏡子貼在他這邊的牆上。國王來了，對第一面牆的畫作留下了深刻的印象。當國王看另一邊時，第二位藝術家向他展示的完全跟對邊的一樣，也是精美的畫作。國王付工資給第一位藝術家，並且對另一位說：「付給你的工錢也在鏡子裡，你看到了嗎？你可以把它們拿來放在口袋了。」

　　數學家非常喜歡第二位藝術家的策略。數學永遠不會為了省力而省力，但是為了達成目標，它經常非常成功地使用對稱性。做一次就能完成的事情，無需做兩次。這裡有一個著名的例子：

兩個人 A 與 B 位在河流 L 的同一側（見下圖）。這是一條數學河流，即河岸是一條直線。B 正渴得要死，而 A 想要盡快走到河邊取水帶去給 B。A 必須先走到 L 的某一點 P，取好水，然後從 P 再走到 B。他要選擇哪條路線，使得距離為最短？也就是說，連接 A 到 L 再到 B 的折線，最短路徑是哪一條？

更精簡地說：

假設 A 與 B 在直線 L 的同側，如何在 L 上選取一點 P，使得 $\overline{AP} + \overline{PB}$ 為最小？

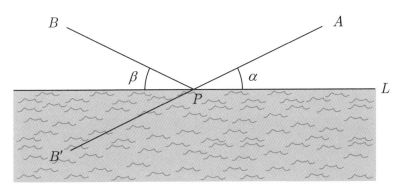

將 B 對 L 作鏡射得到 B' 點，連結 A 與 B' 交 L 於 P 點，那麼 A-P-B 的折線是為所求。

在 L 上取 P 點，有各種取法，我們要找到最好的那一點，使得距離和為最小。讓我們先思考另一個例子，想像 A 與 B 在直線 L 的異側。答案非常顯然，連結 A 與 B，交 L 於 P 點，則 P 點即為所求。理由是，兩點之間以直線段為最短距離。見下圖。

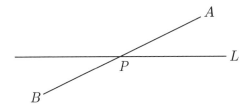

若 A 與 B 在 L 的異側，連結 A 與 B 交 L 於 P 點，則 P 即為所求。

對於異側的情形，將紙張沿著 L 折起來，就得到同側的原問題。同側與異側是一體的兩面。對於同側的情形，首先我們將 B 對 L 作鏡射，得到對稱點 B'。連結 AB' 交 L 於 P 點，則 P 點即為所求，見上上圖。由對稱性知

$$AP + PB = AP + PB'$$

為一直線，所以 $AP + PB$ 為最小。對於 L 上的其它點 P'，都不是最佳點，因為由對稱性與三角不等式得知

$$AP' + P'B = AP' + P'B' > AB' = AP + PB$$

注意，我們所求得的折線，容易看出具有所謂的「入射角 α」等於「反射角 β」，這叫做光的反射定律。

這在物理學很有用。最小能量原理表示，光線在兩個點之間所走的路徑（即使透過鏡子的反射）是採取最短路徑，這是大自然要實現最經濟的原則。

透過鏡射來建造拱門的方法也是實行經濟原理的一個例子。眾所周知，羅馬人不是偉大的創新者，他們從被征服的民族，特別是希臘人那裡借用了文化的元素 。 他們也從義大利居民伊特魯里亞人 (the Etruscans) 的建築中學到了使用拱門。這是一項驚人的發明：磚塊自己支撐著自己，不需要水泥將它們結合在一起。在理想的拱門中，每一塊磚的壓力要盡可能地小，這表示在磚塊之間的壓力要均勻分布。圓形的拱門可能是最自然且最常見的類型，但這種情況並沒有實現，因為拱形兩側的石頭承受的壓力比中間的石頭更大。那麼，拱形的正確形狀是什麼呢？這不用特別複雜的計算就可以確定（所需的工具就是微分方程）。但是有一種更簡單的辦法可以避免計算：把問題丟給大自然。與其建立一個拱門，不如懸掛一條鍊子。我們取一根鍊條如拱形所需的長度，將它懸掛在拱形末端兩個點處。讓鍊條自然地呈現張力

均勻分布的形狀（這叫做懸鍊線，見下圖右）。現在再把懸鍊線翻轉過來　（鏡射），使拱形的凹口向下。西班牙的偉大建築師高第 (Antoni Gaudi, 1852–1926) 就用這個技巧來設計他的建築。

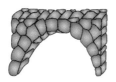

在圓桌上放置錢幣的遊戲

這是兩個人玩的遊戲。兩個人坐在圓桌旁，每個人都有不限數量且大小相同的硬幣。現在輪流將一枚硬幣放在桌上的空白處。最後有空位放置硬幣的人為獲勝者，也就是說，在他放置硬幣之後，對手沒有剩餘的空間放置硬幣。問：哪個人可以保證獲勝？先手或後手必勝？獲勝的策略是什麼？

首先思考特例：想像圓桌縮小到只能放置一枚硬幣。這時顯然先手必勝，沒有什麼好說的。

於是我們猜：先手必勝。必勝的策略是，先手把第一枚硬幣放在桌子的正中央。此後就採用對稱的策略（在圍棋中俗稱「東坡棋」策略）：只要對手在任何地方放置硬幣，他就在其對稱位置可放置硬幣。對手有位置可放，先手者一定有對稱位置可放。見下圖。這可以保證先手必然獲勝。要點是圓桌是對稱的，並且以圓心為對稱中心。

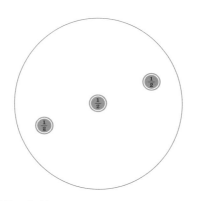

先手將硬幣放在中心位置。接著,對於對手的
每一個動作,他都將硬幣放在對稱的位置上。

因為先手的獨特開盤動作,所以讓後手無法使用鏡射的策略:對
於中心點的硬幣沒有對稱的位置可回應。順便說一下,桌面不必是圓
形。同樣的策略也適用於矩形或橢圓形,因為它們都有一個中心位置。

蒂朵問題

給牧羊人一條繩子並且告訴他,隨心所欲圍一塊土地。

問:土地應該圍成什麼形狀,才可得到最大的面積?

這是在給定周長之下,求一個封閉圖形使其面積為最大,所以叫
做「等周問題」(isoperimetric problem)(「等周」表示「相等的周
長」)。另外,為了紀念迦太基的第一位女王蒂朵 (Dido),所以這個問
題也叫做「蒂朵問題」(Dido's Problem)。原因是:蒂朵的哥哥是 Tyre
城的專制統治者,謀殺了蒂朵富有的丈夫並將她驅逐出境。蒂朵與夥
伴一起登陸了今天的突尼西亞 (Tunisia) 海岸。蒂朵付了一筆錢,但是

吝嗇的當地人只答應給她用一張牛皮圍起來的一塊土地。蒂朵將牛皮剪成條狀，連成一條帶子，然後在海邊圍成一塊區域（海邊不必圍）。問題是：她應該圍成什麼形狀？蒂朵做出了正確的選擇：圍成半圓形。這恰是本節開頭牧羊人問題的一半圖形。我們可以猜測到牧羊人問題的解答就是具有最大對稱性的圖形，即圓形。

在解釋為什麼是圓形之前，我們先來思考一個更簡單的問題。假設牧羊人只想圍成一個矩形。顯然，可以選擇不同類型的矩形，例如非常高且非常窄的矩形，或者非常寬且非常低的矩形。牧羊人應該選擇哪一個？如果我們將「非常窄」變為極端，即寬度為 0 的矩形，其面積為 0；如果我們將「非常低」推向極端，它的面積也是為 0。我們可以想像得到最佳解會在這兩個極端的中間，亦即正方形。確實是如此。牧羊人應該把繩子圍出一個正方形。（以下我們把正方形看作是矩形的特例，採用兼容觀點 (inclusive)，而不是排斥觀點 (exclusive)。）

我們給出一個簡單的證明。假設 L 為矩形邊長的平均長度，也就是說，L 是矩形的周長除以 4。因此，周長為 $4L$。兩個相鄰邊的長度之和是矩形周長的一半，即 $2L$。今假設矩形兩個相鄰邊的長度為 $L+x$ 與 $L-x$（因為 $L+x+L-x=2L$）。因此矩形的面積為 $(L+x) \times (L-x)$。展開得到 $(L+x) \times (L-x) = L^2 - x^2$。但 x^2 不能為負。因此，$L^2 - x^2$ 不超過 L^2，而 L^2 恰是具有給定周長的正方形面積（邊長為 L）。x 越小（即各邊的長度越接近），則矩形的面積越大。結論是：圍成正方形可得最大的面積。

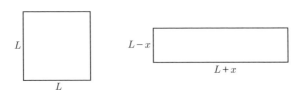

圖中的正方形與矩形具有相同的周長 $(4L)$。正方形的面積最大。

現在假設牧羊人仍然選擇圍成矩形，但他不必圍河邊，因為河邊是天然邊界之一（就像蒂朵問題）。像往常一樣，我們假設這是一條數學的河流，即一條直線。牧羊人應該選擇什麼樣的長方形？在這裡，我們也可以使用代數公式來計算，但最簡單的辦法是利用對稱性。將牧羊人的矩形對河岸線作鏡射。

原始矩形與鏡射矩形的組合是沒有使用河流當一邊的矩形區域。它的整個周長是一根繩子（儘管部分是虛構的），是牧羊人繩索的兩倍長。因此，新的鏡射矩形（加倍的）周長是固定的；而且正如我們已經知道的答案，當它是一個正方形時，所圍的面積最大。因為牧羊人的原始矩形面積是整個正方形面積的一半，所以牧羊人最好是選擇半個正方形來圍地。

回到蒂朵與等周問題

在原始（等周）問題中，並沒有限制牧羊人圍地的形狀，他可以選擇任何他想要的形狀。正如我們已經提到的，他應該選擇圓形。這個論點是「等周不等式」(isoperimetric inequality) 的結論：

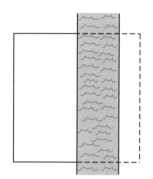

牧羊人用繩索在河岸的左邊圍一個矩形，溪流本身是一個邊。虛線的矩形是透過鏡射產生的一個矩形，整個矩形周長是繩索的兩倍，並且也是原始矩形的兩倍。在周長是繩索長度兩倍的所有矩形中，正方形具有最大的面積。因此，牧羊人應該選擇這個最大正方形的一半之矩形。

譯者補充

定理：等周不等式

設 Γ 為平面上的簡單封閉曲線，L 為其長度，A 為其所圍成領域的面積，則有

$$A \leq \frac{L^2}{4\pi} \text{（此式叫做等周不等式）}$$

並且等號成立的充要條件是 Γ 為一個圓，其面積為 $\frac{L^2}{4\pi}$。

這個定理的嚴格證明要用到微積分，有興趣的讀者可上網參閱：

定理：在給定周長的所有簡單封閉曲線中，圓形具有最大的面積。

　　這個定理有一個三維的版本（說法），也很直觀，但更難證明：在給定表面積的所有幾何形體中，球面圍出最大的體積。這是哺乳動物頭部呈現相當球形的原因之一。為什麼人不利用這個結果來建造更多的球形結構？除了其它諸多原因之外，因為球形不能作完美的包裝，而打包矩形與長方體盒子卻容易得多。這就是為什麼房子裡的房間處處都是直角的道理。

　　現在讓我們回到二維的例子。不難猜測到，圓是最佳的形狀，但是卻難以證明。雖然古希臘人已經猜到結果，但直到 19 世紀中葉，跟高斯同時代的瑞士數學家斯坦納 (Jacob Steiner, 1796–1863) 才給出（幾乎是）嚴格的證明。斯坦納是一位自學者，他說他討厭公式（他宣稱公式把想法隱藏了），但是他喜歡幾何學。他使用對稱的概念，但是跟上述矩形情況所使用的正好是在相反的方向。在矩形的情況下，我們將整體切成一半變成部分，得到解答；現在，我們步斯坦納的後塵，從部分到整體。就像故事中的藝術家那樣，我們先解決問題的一半，然後從中獲得整體解決的方案。也如同蒂朵的故事，牧羊人會被告知他可以用繩子（固定長度）圍土地，並且有一側是河岸。牧羊人（如蒂朵）最好是選擇半圓形。為了示明這一點，假設牧羊人使用他的繩子在河岸 L 來圍成最大面積的圖形。A 和 B 是繩索與 L 的接觸點（見下圖）。

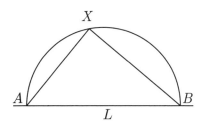

如果繩索與河岸 L 圍出最大面積，則繩索上
的每一個點 X 對線段 AB 的視角皆為直角。

　　我們必須證明：牧羊人選擇的圖形必須是，以直徑的兩個端點 A
和 B 所形成的一個半圓。為了證明這一點，我們要利用幾何學周知的
泰利斯定理 (Thales theorem)：以 AB 為直徑的半圓，其上每一個點 X
對 AB 的視角都是直角。換句話說，對於半圓上的任何一點 X，
$\angle AXB$ 都是直角。對我們的目的來說，更重要的是逆定理也成立，這
是對圓的一種刻劃：任何一點 X，若它對線段 AB 的視角為直角，則
X 位在直徑為 AB 的圓周上。因此，我們必須證明，繩索上的每個點
對線段 AB 的視角都是直角，這就證明了繩索形成半圓。所有這一切
當然都建立在牧羊人圍出了最大面積的假設。

　　為了理解角度與面積的關係，讓我們進行一個簡單的實驗：將兩
隻手臂伸直（肘部不彎曲），它們之間形成一個角度，並且考慮三角形，
三個頂點是你的頭部和你的兩手臂的指尖。你的兩手臂應該形成什麼
角度才會得到一個最大面積的三角形?如果你將手臂完全展開到兩側，
即形成 $180°$ 的角度，三角形將是退化的，其面積為 0。如果你將雙臂
向上豎起並平行（即角度為 $0°$），則三角形的面積也是為 0。不難證明
最好的情況是，你的兩手互相垂直，即成直角。這個事實的證明，只
需利用三角形的面積公式「底乘以高除以 2」就好了。正式地說，給

定兩邊 *XA* 和 *XB*（手臂）交於頂點 *X*（頭部），為了讓三角形 △*ABX* 有最大的面積，兩邊必須形成一個直角，即 $XA \perp XB$。參見下圖。

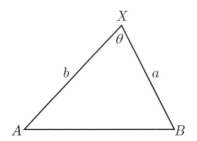

假設 *X* 為頭部，*XA* 與 *XB* 為兩固定長度的手臂（不必等長），θ 為兩手臂的夾角，則 △*XAB* 的面積為 $\frac{1}{2}ab\sin\theta$，所以當 θ 為 90 度時，面積最大。

讓我們假設在曲線上存在一點 *X*，使得 ∠*AXB* 不是直角（即不是 90°）。現在透過修改曲線，使得此角度變成 90 度，但不變更 *AX* 和 *BX* 上的兩個弧（參見下圖）。根據上述的論證，這樣面積會變大——對照於假設：曲線與 *L* 圍成最大面積。

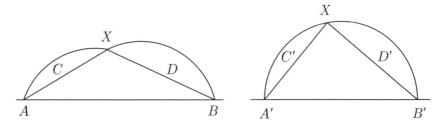

右圖是由左圖得到的：透過閉合 *XA* 和 *XB* 兩側之間的跨度，以使它們垂直。圓頂 *C* 和 *D* 保留不變。因此曲線的長度（繩索）沒有改變。但總面積增加了，因為三角形的面積增加，而兩個圓頂的面積保持不變。

解決了在河岸圍地的問題之後，我們可以用它來解決原來的等周問題，即牧羊人圍地時不限定河岸是一部分的邊界。為了證明他最好是用繩子圍成一個圓形領域，我們假設他選擇圍成其它形狀的區域。在繩索上取 *A* 和 *B* 兩點，將繩索（形成一個封閉的形狀）分成兩個等長的部分（見左圖）：

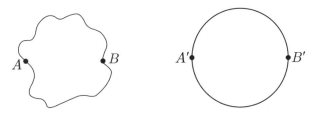

這兩種封閉圖形具有相同的周長。右側的圓是將左側圖形的上部和下部（兩者都介於 *AB* 之間）都用半圓替換而獲得的。根據我們已經證明的，這增加了面積，因此圓的面積大於左側圖形的面積。這是等周不等式。

接著把上下兩部分都改為半圓，所圍的面積都會增加。為了看出這一點，在 *A* 和 *B* 之間畫一條直線，並且注意到在河岸圍地的情形，此直線切割成的兩部分都變成半圓時面積增加。但這等於是整個圍成一個圓——這恰是我們想要證明的。

譯者註

斯坦納的證明有個漏洞，他沒有證明存在性。後來由魏爾斯特拉斯補足，但須用到微積分。

詩的對稱性

> 一位老人，他的生命中有什麼？
> 他早晨醒過來，但早晨沒有從他的心中醒過來。
> David Avidan (1934–1996) 的壓力詩，《一個突然的晚上》

這些詩句是詩人在 28 歲時寫的，關於老年的一首淒美詩的開頭。David Avidan 出生於 1934 年，他是一位肆無忌憚的希伯來詩人。當他在 1996 年去世時，獨自一人身無分文，很難不讓人憶起這首詩。我在這裡引用它，是因為第二行使用了詩的一種設計，叫做「交錯配置 (chiasmus)」：「他早晨醒過來」兩個詞被交換，產生「早晨（沒有）從他的心中醒過來」。術語 chiasmus 的來源是希臘字母 χ，讀做 "chi"（帶有德國喉音 kh）。在這個例子中，chiasmus 是從外部的，早晨從外面進到內部的早晨。這首詩的延續也是如此：

> 他蹣跚走到廚房，在那裡
> 溫水讓他想起了
> 在他的年紀，在他的年紀，在他的年紀，
> 一位老人——在他的早晨會有什麼事情？
> 他出現在一個夏天的早晨，秋天已
> 混合著傍晚，在上方有燈泡亮著。

再次，外部反射在內部：溫熱的水提醒老人，他溫熱的血液和他溫熱的生活。在最後一行是鏡面反射，但對立面是：外在的夏天被反射成為內在的秋天。

在 Nathan Alterman 強烈的詩《棄兒》中，內在現實是外在現實的

鏡射。在外部，母親遺棄了她的孩子；但她的內心真相是棄兒已經拋棄了她。畫面與鏡影之間的不相稱，只會在整首詩中不斷增長。角色的對稱性與時間的對稱性結合在一起：最後，母親的死亡是兒子出生時的鏡像。她的裹屍布是嬰兒衣服的鏡像。Nathan Zach，另一位偉大的希伯來詩人 "Nathan"，他很了解 Alterman，證實這首詩是痛苦地反射著 Alterman 與他父母之間的關係。我從這首長詩中選出下面三段：

> 在籬笆邊我的母親放下了我，
> 面部的皺紋與沉靜，在我的背上。
> 我從下面望著她，就像以管窺天，
> 直到她逃離，如一個人逃離生命的戰場。
> 我從下面望著她，就像以管窺天，
> 月亮像蠟燭般在我們的上方升起。
>
> 她在我的監獄裡變老，消瘦而變小
> 她的臉變得像我的臉一樣皺了起來。
> 然後我的小手給她穿上白色衣服
> 像母親那樣為她活著的孩子著裝。
> 然後我的小手給她穿了白色的衣服
> 我沒有告訴她，要把她帶到哪裡去。
>
> 在籬笆邊我放下了她
> 注意，仍然，在她的背上。
> 她笑著看我，就像以管窺天，
> 我們知道我們結束了這場生命的戰鬥。
> 她笑著看我，就像以管窺天。
> 月亮像蠟燭般在我們的上方升起。
>
> Nathan Alterman，《棄兒》，根據 B. Harshav 的翻譯
> 現代希伯來詩，S. Burnshaw 等人編輯

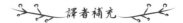
譯者補充

對稱性：

> 我見青山多嫵媚，料青山見我應如是。
>
> 辛棄疾《賀新郎》

有個矮子說，他的身長最高。他所持的理由是：因為你們是從地板量上來，而我是從天花板量下來。

我看上帝的眼睛等同於他看我的眼睛。
(The eye with which I see God is the same as that with which he sees me.)

> Meister Eckhart

> 上帝創造人是為了人可以創造上帝。
> (God was made man in order that man might be made God.)
>
> St. Athanasius

> 當你凝視著深淵，深淵也凝視著你。
> (When you look at the abyss, the abyss is staring at you.)
> 德國哲學家與詩人尼采 (Friedrich Wilhelm Nietzsche, 1844–1900)

回文：正向與逆向讀之，完全相同。

> 雪山自來水來自山雪。

> 我為人人，人人為我。

> 水上居民居上水。
> （臺灣有個地名叫做「水上」，「上水」也是地名。）

Fall leaves as soon as leaves fall.（秋天離去快速如紅葉飄落。）

回文數：

313, 231132, 27188172, 12345654321

回文詩：正向與逆向讀之，都有意思。

鶯啼岸柳弄春晴，柳弄春晴夜月明。

吳絳雪《四時山水詩・春景詩》

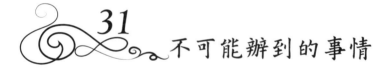

31 不可能辦到的事情

尺規作圖

伴隨著「公理」、「定理」與「證明」的想法,古希臘人對於幾何學最大的貢獻之一是,只用直尺與圓規來建構幾何圖形的概念。直尺必須沒有標記長度,因此不能用來度量距離,而只能在給定的兩點之間作出一條直線。圓規則用於作出圓,並截取相同長度的線段(線段是指直線的有限部分)。雖然不能只用直尺和圓規來進行長度的度量,但是仍然可以比較線段的長度,並且可以在直線上標記出一個線段跟給定線段等長。

　　這樣看起來,尺規似乎不是一個令人印象深刻的工具,其實不然。事實上,只要用這兩個簡單的作圖工具就可以做到很多的事情。例如:給定一點與一直線,過此點可以作一直線平行於給定的直線;從直線上或直線外給定一個點,可以作出一垂線;也可以作出一個角的平分線;並且對一個線段可以分割為任何有限個相等的小段。尺規還可以建構一個正 6 邊形 (等邊又等角),做出一個正 8 邊形,甚至高斯在 19 歲時證明可以作出正 17 邊形。高斯對於他的發現感到很自豪,這幾乎可以說是自古希臘以來第一個重要幾何作圖的突破,因而促使高斯喜歡數學勝過他的另一個興趣:語言學。他要求在他的基碑上刻上一個正 17 邊形。但是做基碑的工匠拒絕了,聲稱不可能區別正 17 邊形與圓。50 年後,這個不公平被修正,一個正確的紀念碑才樹立起來紀念這位偉人。

　　當我們論及幾何作圖時,我們主要是想到,建構出所要的點或圖

形。但是還有另一種類型的作圖，那就是長度。我們給出一個特定的線段，作為「測量標桿」，也就是說它被定義為 1 個單位長。接下來，我們能作出長度為 2（即給定線段的長度的兩倍）的線段，或作出長度為 $\frac{1}{2}$ 的線段，依此類推。我們很容易就能作出線段的長度為任何整數倍（只是加上複製的線段，一段一段地接上去），將線段分成整數個相等部分也不困難。因此，可以建構任何長度為有理數倍的線段（例如，作一個線段長度為 $\frac{3}{5}$，乘以 3，再將結果分成 5 個相等部分）。

在 −300 年左右，歐幾里德已經知道如何作出開根號的線段。也就是說，給定一線段長度為 c，他可以作出一條長度為 $\sqrt{c}$ 的線段。如下圖所示，作一個斜邊長為 c 的直角三角形，並且使得一股對斜邊的投影長度為 1。在圖中，這一股記為 x，則 $x = \sqrt{c}$。為什麼呢？因為三角形 $\triangle ACB$ 與 $\triangle ADC$ 的對應角都相等，所以它們相似。於是對應邊成比例，從而 $\dfrac{AD}{AC} = \dfrac{AC}{AB}$。換句話說 $\dfrac{1}{x} = \dfrac{x}{c}$，故得 $x = \sqrt{c}$。

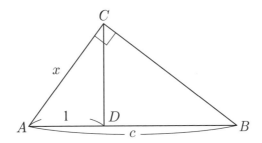

當 c 大於 1 時，上面的圖可以行得通。但是，當 c 小於 1 時，必須採用另一個作圖，其中 1 與 c 在三角形中的角色要互換，即 AB 長為 1，AD 長為 c，請讀者自己作圖。

◦◦◦◦◦◦譯者註◦◦◦◦◦◦

假設 △ABC 為直角三角形，a, b, c 為三邊長，∠C 為直角，CH = h 為斜邊上的高，AH = p, BH = q，則下列六個定理都成立，見下圖：

畢氏定理：$\angle C = 90° \Rightarrow c^2 = a^2 + b^2$

畢氏逆定理：$c^2 = a^2 + b^2 \Rightarrow \angle C = 90°$

畢氏正逆定理：$\angle C = 90° \Leftrightarrow c^2 = a^2 + b^2$

面積定理：$ab = ch$

母子定理：$a^2 = qc,\ b^2 = pc,\ h^2 = pq$

倒數畢氏定理：$\dfrac{1}{h^2} = \dfrac{1}{a^2} + \dfrac{1}{b^2}$

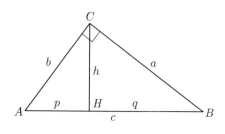

三個堅不可摧的堡壘

直尺與圓規的作圖威力確實令人驚訝。但是有三個千古作圖難題一直無法解決，並且讓專業與業餘數學家兩千多年來的努力受挫。首先它們抵擋住了古希臘人的猛烈進攻，然後是歐洲文藝復興時期的數學家也無能為力。正如其它著名的數學難題，每個挑戰它們的人都對其提出了錯誤的證明。

這千古的「幾何三大作圖難題」如下：

⑴ 方圓問題（squaring the circle，「方」是動詞）：這是最著名的，給
　　定某半徑的一個圓（例如半徑為 1 的單位圓），用尺規作出一個正
　　方形，使其面積與圓的面積相等。第二種說法是：作一線段使其長
　　度等於圓的周長。第一個嘗試解決方圓問題的人是古希臘哲學家
　　Anaxagoras（西元前 499–前 428）。另外，古希臘喜劇作家亞里斯
　　多芬（Aristophanes，約西元前 448–前 380）在他的劇作《鳥》(*The
　　Birds*) 中，嘲笑追求方圓問題的人，從此「方圓」變成是嘗試實現
　　不可能事情的同義語。

⑵ 倍立方問題（Doubling the volume of a cube，「倍」也是動詞）：在
　　第 7 章〈數學的和聲〉中，我們看到，對於給定的正方形，可以作
　　出一個正方形，使得其面積是原正方形的兩倍。顯然，以原正方形
　　的對角線為一邊作出的正方形就是所求。對於體積可以做出類似的
　　事情嗎？倍立方問題就是：給一個立方體，用尺規作出一個新立方
　　體，使其體積為原立方體的兩倍。

⑶ 三等分任意角問題 (angle trisection problem)：利用尺規作圖平分一
　　個角很簡單。但是，任意角可以三等分嗎？

　　　經過幾千年來的挑戰失敗，已提醒數學家其中必存在著一些固有
的困難。但是，直到 19 世紀初才出現「不可能解決數學問題」的概
念。當它出現時，這三個問題就是首當其衝的受害者：三個難題都被
證明是不可能的。高斯是第一個懷疑這一點的人，但他無法證明。
1837 年，法國數學家 Pierre Wantzel (1814–1848) 證明：三等分角問題
與倍立方問題都無解。而方圓問題的無解是由德國數學家林德曼
(Ferdinand von Lindemann, 1852–1939) 在 1880 年證明的。

這三個不可能尺規作圖的問題，其根本原因都可以用同一個定理來表達（證明略掉）。

定理：

若 a 可以用尺規建構，則 a 要滿足下列兩個條件：

(1) a 必須是整數係數的多項式方程的解答（即 a 為代數數，algebraic number）。

(2) 在所有具有 a 為解答的多項式方程中，最低的次數為 2 的冪次方（也就是次數必須是 1 或 2 或 4 或 8，等等）。

換言之，若一個數 a 不滿足兩個條件中的任何一個條件，則 a 就無法尺規建構。

〜〜〜〜 *譯者註* 〜〜〜〜

古希臘的畢達哥拉斯學派主張「萬有皆整數」與「數與形本一家」，後來發現 $\sqrt{2}$ 不是有理數，導致數與形分家。直到 1630 年代（兩千餘年後），笛卡兒與費瑪引入坐標系，發明解析幾何，數與形、代數與幾何，才又相通，恢復「數與形本一家」。再經過約兩百年，幾何三大作圖難題也解決於數論與代數的方程式論。這真是神奇。

例子：

(1) 考慮方程式 $x^2 - 2 = 0$。這是一個 2 次方程，次數為 2，是 2 的冪次方。因此它的解 $x = \sqrt{2}$ 可以用尺規作出來。事實上，我們看到任何已經建構的長度，其平方根都可以用尺規作出。在第 7 章〈數學

的和聲〉中，我們也看到了一種非常簡單的方法來建構長為 $\sqrt{2}$ 的線段：它是一個邊長為 1 的正方形之對角線。

⑵ 方程式 $x^4 - 2 = 0$ 滿足上述定理的條件，因為它的次數 $4 = 2^2$ 是 2 的冪次方。$x = \sqrt[4]{2}$ 是解答。因此，長度為 $\sqrt[4]{2}$ 的線段是可以建構的，理由是：$\sqrt[4]{2}$ 為 $\sqrt{2}$ 的平方根，而 $\sqrt{2}$ 可以構建，因此它的平方根 $\sqrt[4]{2}$ 也可以構建。

利用上述定理如何得到方圓問題是不可解的結論？讓我們先看看有關圓周作圖的說法：「作一線段，使得其長度是半徑為 1 的圓周長」。半徑為 1 的圓周長為 2π。如果我們知道如何作一個長度為 2π 的線段，透過將其減半，我們就得到長度為 π 的線段。在第 14 章〈隱晦的威力〉中，我已經提到過，1768 年 Lambert (1728–1777) 證明了 π 是無理數。1880 年，Lindemann 證明了更多：π 是「非常無理的數」，或者以數學專門術語來說是「超越的 (transcendental)」或「非代數的 (non algebraic)」。這表示它不是任何整數係數多項式方程的解，其中係數不全為 0，更不用說滿足上述定理條件的多項式方程式的解。因此，根據定理，方圓問題不可能作圖出來。

那麼方圓問題：給定一個圓作出一個等面積的正方形呢？假設半徑為 1，則圓面積為 π，因此正方形的邊長為 $\sqrt{\pi}$。但是，給定兩線段，我們可以用尺規作出兩線段的乘積線段。因此，給長度為 a 的線段，我們可以作出長度為其平方線段 a^2。如果我們可以作出長度為 $\sqrt{\pi}$ 的線段，我們應該也能做出長度為 $(\sqrt{\pi})^2 = \pi$ 的線段。但根據上述，這是不可能的，因此我們無法作出長度為 π 的線段。

　　至於倍立方問題，考慮邊長為 1 的單位立方體，它的體積為 $1 \times 1 \times 1 = 1$，體積加倍就是 2，讓我們來看看能否作出體積為 2 的一個立方體。令 x 為此立方體的邊長。邊長為 x 的立方體之體積為 x^3，所以 x 滿足方程式 $x^3 = 2$ 或 $x^3 - 2 = 0$ （換句話說，$x = \sqrt[3]{2}$。） 方程 $x^3 - 2 = 0$ 是 3 次的，並且沒有次數更低的方程式之解答是 $\sqrt[3]{2}$。因為 3 不是 2 的冪次方，所以根據定理的條件(2)，就排除掉可作一長度為 $\sqrt[3]{2}$ 的線段之可能性。

　　最後一個問題是三等分任意角的問題。我們舉 60° 角，證明無法用尺規三等分。我們採用歸謬法。假設 60° 角可以三等分，即可以建構出 20° 角。在下面的左圖中，作一個單位圓，令 $\angle AOB$ 為 60°，OC 為三等分線，則 $OD = \cos 60° = \dfrac{1}{2}$。再令 $x = OE = \cos 20°$，由三倍角公式

$$\cos(3 \times 20°) = 4\cos^3 20° - 3\cos 20°$$

得到

$$\frac{1}{2} = 4x^3 - 3x \text{ 或 } 8x^3 - 6x - 1 = 0$$

如果 $\angle AOB$ 可以用尺規三等分，由 $OA = 1$ 出發，可以作出 $x = OE$，並且滿足上面的 3 次方程式。因為 3 是方程式的最小次數並且 3 不是 2 的冪次方，所以違背定理的條件(2)，從而線段 $x = OE$ 不能尺規建構。這就得到一個矛盾。

　　自從三個古典幾何作圖難題的不可能性都被證明後，很多其它屬於不可能性的結果也都順理成章得到證明了。它們通常都是一些困難而深奧的定理。要證明一件事情能夠辦得到，一個快速的方法是：直接去做就對了。但要證明一件事情不可能辦得到，是更困難的事情。

⋙╾╾⁓⁓譯者註⁓⁓╾╾⋘

幾何僅限於直尺與圓規的作圖，並且直尺必須沒有刻度，作圖也只限於有限步驟。人生有涯，不能作無涯的事情，這叫做柏拉圖規矩。在此規矩下，幾何三大作圖難題都無解。不過要注意的是，解答的存在性沒有問題，只是無法用尺規作出而已。另外，三等分角問題無解的意思要特別小心。這表示，任意給一個角，無法三等分。這並不排除存在有角可以三等分，例如 90° 角就可以三等分，但是 60° 角無法三等分。一般的 5 次方程式沒有公式解也是同樣的意思。

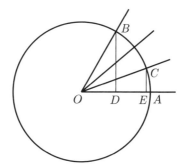

雖然任意角的三等分無法尺規作圖，但是，在 1899 年英國 – 美國數學家莫雷 (Frank Morley, 1860–1937) 考慮任意三角形三個內角的三等分線，兩兩相交於 D、E、F，見下圖，則 △DEF 為一個正三角形。這叫做莫雷定理 (Morley Theorem)，堪稱是幾何的一個美麗定理。

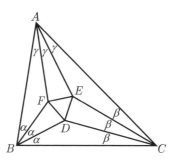

32 無窮的誇大

從本章（第 32 章）開始，直到第 39 章，談論的是詩與數學涉及「無窮」的事情。「無窮」深奧詭譎，不但迷人而且又困惑人。詩蘊含的東西讓讀者感受到無窮。在數學這一面，無窮包括無窮大與無窮小，由此引出了種種美妙且深奧的近世數學。Hilbert 說：數學是研究「無窮」的學問 (Mathematics is the science of infinity.)。數學與詩分別處在理性與感性的兩個極端，美是共通的要素，還有千絲萬縷的關連。我們可以說：

　　　　「文學之於科學」猶如「詩之於數學」；

也可以說：

　　　　「數學之於科學」猶如「詩之於文學」。

列成下表：

	感性：	文學	←	詩
		↓		↓
	理性：	科學	←	數學

　　　無窮空間的永恆沉默讓我感到恐懼。

　　　　　　　　　　　　　　　　　法國數學家巴斯卡

誇飾之謎

　　　藝術家即使在焦慮中也能保持寧靜。

　　　　　　　　　　　　　俄國 Nikolai Gogol (1809−1852)

> 詩是強烈情感的自然流露，它起源於情感在寧靜中的回味。
> （情深詩湧，寂然由衷。）
>
> 英國詩人 William Wordsworth

詩要盡可能間接地表達。它跟任何藝術一樣，詩與主題要拉出距離。詩的語言通常是委婉的、間接的、符號的、隱喻的以及圖像的。所有這些都表示，用直接方式觸摸不到的，詩卻能夠間接觸摸到幽微。但這並非總是如此。至少有一種詩的設計看起來似乎完全相反：它強化情感與感覺。我說的是採用「誇大修飾法」，簡稱「誇飾法」(hyperbole)，這個字的希臘文意思是「拋擲得太遠了」（"hyper" 的意思是「太遠」，而 "bole" 的意思是「拋擲」）。數學也藉助這個術語，用來描述一條可以「拋擲」使其接觸到無窮的曲線──叫做雙曲線 (hyperbola)，這是我們在第 10 章〈規律的奇蹟〉中提到的圓錐曲線之一（還有拋物線與橢圓等）。在詩的誇飾法中，事物被推至極端，並且呈現出巨大的尺度。下面這首詩《停止所有時鐘》（也稱為《葬禮藍調》，The Funeral Blues），是英國–美國詩人奧登 (W. H. Auden, 1907–1973) 寫的，因為它出現在電影《妳是我今生的新娘》裡的「四個婚禮與一個葬禮」這一幕而聞名。雖然這首詩最初是為某政治家而寫的諷刺頌詞，但在今日看來它也是嚴肅的，在悼念逝去的情人。

> 讓時鐘停止，切斷電話
> 狗兒別叫了，丟根骨頭給牠
> 鼓聲悶沉，琴音靜悄
> 把靈柩抬出場，讓哀悼者進來
>
> 天上的飛機盤旋著悲鳴

> 在天空中潦草地寫下：他死了
> 把黑紗圈在信鴿的白頸
> 讓交通員戴上黑手套
>
> 他曾經是我的東，我的西，我的南，我的北，
> 我的工作天，我的休息日，
> 我的正午，我的夜半，我的話語，我的歌，
> 我以為愛可以天長地久：但我錯了
>
> 不想要星星了，把它一顆顆滅掉
> 把月亮收藏起來，把太陽拆除掉
> 把大海倒掉，把森林也掃除
> 因為現在任何事物都不再有意義。
>
> 奧登，《葬禮藍調》

矛盾的解決

這似乎是撲朔迷離。含蓄或誇飾，何者是正確的？冷靜保持距離或情緒激昂？難道誇飾法是詩技巧裡面的異數，是唯一坦率表達情感的伎倆，甚至於還把想要表達的意涵推到無窮的極致？如果是這樣的話，我們必須放棄「間接性表達」作為詩技巧的公分母。幸運的是，沒有必要如此。實際上，在這方面，誇飾法與其他的詩之設計並無不同。像其他人一樣，它也是推遠距離的工具。它透過賦予經驗超過生命的尺度來實現這個目標。讓接收到的事情比例超過我們通常可接受的能力，使得以推遠距離的方式來體驗。當詩人的悲傷跟整個宇宙所共享時，悲傷就不再是他的了。當事情大於生活時，一個人就不會真正感受到它們。痛苦就成為世界的，而不是他自己的。

　　在日常生活中使用各種誇飾法最為明顯，因為各種誇飾也在口語中「無止境地」使用（這裡已是一個例子：「無止境地」）。「我願為一

些巧克力而死」,「我可以吃下一匹馬」,「這種頭痛正在殺死我」,「我不知該怎麼做」(「我不知該怎麼做,螞蟻甚至開始爬上冰箱」),「一噸的錢」。這些誇飾法的目的是什麼?誇飾法的誇張隱喻含有一些真實,例如「這種頭痛正在殺死我」——這表示頭痛的傷害超過我所能忍受的程度,或換句話說,超過我平常慣用的手段所能處理。

詩中的誇飾法也是如此。例如,以中世紀希伯來詩人 Solomon Ibn Gabirol (1021–1058) 的詩《看見太陽》為例。Ibn Gabirol 的生活並不安逸,他在很小的時候就成為孤兒,在短暫的生命中遭受了可怕的皮膚病和消化疾病的折磨。不過他生命中有一個安慰——受到一位富有恩人的資助,名叫 Yequtiel。《看見太陽》是他哀悼心愛資助人的逝世而寫的。

> 看見夕陽紅向了夜晚
> 彷彿穿著深紅色的連衣裙,
> 剝去南北的邊緣
> 在紫色裡,襯著西風:
>
> 地球——赤身裸體——
> 在夜晚的陰影中避難,休息,
> 然後天空變黑,彷彿是
> 為了 Yequtiel 的去世,蓋上麻布。
>
> Solomon Ibn Gabirol,《看見太陽》,譯者 P. Cole
> 取自 Solomon Ibn Gabirol 的詩選

這首驚人的現代詩源自詩的三種設計。首先是結尾的**逆轉** (twist)。這首詩的真正意義只有在最後一行才看得出來。本書後續有一章將致力於闡釋逆轉的設計。在這裡先讓我解釋一下,一個逆轉的美妙在於先

前發生的所有事情突然獲得了新的意義，讀者必須整體性吸收並理解大量事情。只有在最後一行，讀者才意識到，日落與地球離開太陽的描寫，只是對他的資助人之死亡，詩人感到被拋棄的隱喻。然後，我們必須重新解讀前面的所有內容。由於意識思維不能如此迅速地吸收，理解仍需部分透過潛意識。這首詩的第二個設計是**轉移作用** (displacement)，這是關鍵問題。Yequtiel 的死是作為隱喻的一部分提到的：「好像他被麻布覆蓋。」這裡的轉移作用非常相似於本書開頭第 2 章提到的 Lea Goldberg《關於我自己》中的轉移作用。然而，最強大的設計可能是第三個：**誇飾法** (hyperbole)。Yequtiel 去世的痛苦歸因於整個世界，包括地球，天空，太陽。將他的哀傷投射到天空，讓詩人比較容易承受他的痛苦。

誇飾法的美麗類似於雄偉的風景。觀看者不完全理解高聳的懸崖或巨大的山峰。我們習慣以實用的眼光與行動來感知周遭的世界，懸崖或山峰太雄偉以至於無法想像會去攀登。同樣，詩的誇飾法所傳遞的訊息超出了普通的感知，導致沒有透過意識的理解就吸收。

><<< 譯者補充 >>>

英國詩人雪萊在《詩的辯護》(*A Defense of Poetry*) 中，對於詩與詩人的描述，他說：

1. 詩揭開這個世界所隱藏的美，並且讓尋常事物變成不尋常。
   (Poetry lifts the veil from the hidden beauty of the world, and makes familiar objects be as if they were not familiar.)
2. 廣義而言，詩可以定義為「想像的表白」。
3. 詩人參與永恆、無窮和一的工作。
4. 一首詩是一個圖像，將生命灌注成永恆的真理與美。

33 康拓的故事

哦，無窮！最迷人的數學概念。

希爾伯特

無窮大是事情發生但又不發生的地方。

無窮大概念的一種解釋，歸功於一位無名學生。

德國數學家康拓 (Georg Cantor, 1845–1918)，集合論的創始人。(©Wikimedia)

～◇～◇～◇ 譯者註 ◇～◇～◇～

康拓因追究無窮而創立集合論，而集合論就是數學家嘗試要精確地描述無窮心靈所蘊藏的思想。上帝創造無窮，人無法了解它，所以必須發明有窮集。數學是介於有窮與無窮之間的戰爭，在兩邊的永恆互相作用中，產生了所有美妙的事物。集合論被後人稱為「數學的法國大革命」。

數學的一個爭執

數學也有誇飾的東西，比我們習以為常的世界尺度還要更大，所以從流行的規則來看是既怪異又驚奇。這就是「無窮大」(infinity) 的概念。古希臘人已經著迷於它以及它所產生的矛盾。然而暴風雨式的轉折點發生在 19 世紀末——這是字面意義上與數學上的暴風雨。無窮大的概念變成了一個戰場。

數學中除了發現（或發明）的優先權之爭吵外，幾乎沒有任何的爭議。但集合論的故事是一個突出的例外，它是在 19 世紀末由康拓所發展出來的一個數學領域。康拓的想法是如此的大膽與新穎，令人驚訝。數學界大約花了 20 年的時間來消化它。在那 20 年裡，論戰發生了，出現許多爭論性的文章，幾乎到達字面上流血的地步。在這些戰爭中，有幾位重要的數學家站錯了邊。

康拓並不是一個喜愛爭吵的人，他也不打算推翻既定的秩序。剛起步時，他研究的是「Fourier 分析」的古典領域，這是為了解析熱傳導與波動現象而產生。康拓為這領域做出了重要貢獻，但並非革命性的。然而有一天，為了證明一個定理的需要，他要用到這個事實：**無窮大不止是一種而已**。也就是存在有無窮大的集合，並且還有更大的無窮集。在康拓之前，數學家把所有的無窮集都視為相等。一切的情形均視為非常非常大，如此而已。沒有人嘗試按照集合元素的多寡來給無窮集作分類。康拓示明無窮集的分類不僅是可能的，而且更重要的是具有生產力，可以導致豐收。如同數可以比較大小，無窮集也可以，這是產生一個新理論的出發點——集合論。

集合論的基本概念出奇的簡單。一切都從一個概念演化而來：一個集合是由明確的元素組成的，其中的元素屬於此集合。這個簡潔概

念可能是造成數學界不願接受集合論的原因。大約經過 50 年後，馮紐曼 (John von Neumann, 1903–1957) 證明：所有數學都可以在集合論的框架下建立起來 （集合＋結構）。但是當康拓引進集合的概念時，令人難以相信，這麼簡單的概念可以用來表達任何重要的東西。

　　然而，跟康拓同時代的人提出另一個概念：把無窮視為一個有形的實體。數學家在 19 世紀很自豪地為微積分建立了嚴格的邏輯基礎。微積分在 17 世紀初創，被證明是非常有用的，僅次於數的概念。但經兩個世紀的發展，微積分的基礎依然是鬆動而不穩固，其中的術語只是模糊的定義。微積分的核心概念「趨近於一個極限」仍然是模糊的。直到 19 世紀，數學家柯西、黎曼及魏爾斯特拉斯等人，才給出準確的定義。在這些定義中，「無窮大」是指只能看到的遠處朦朧，但從無法到達的東西。「趨於無窮大」 的意思是，可以變得如我們希望的那麼大，但卻永遠無法達到它。高斯責備跟他通信的一位朋友說：「我必須大力抗議你對無窮大的描述，說它是可以達到的東西。其實無窮大只是一種說話的方式，意味著數可以跟我們所期望的一樣大。」這種思維方式是，將無窮大視為 「潛在的」 (potential)，而不是 「實在的」 (actual)。數學界剛驅除了 「實在的無窮大」（意指無窮量本身存在）這個魔鬼，此時數學界很生氣地發現，康拓又從後門把它迎接進來。

　　傑出的數學家們，在著名的 Leopold Kronecker 帶領下，共同貶低了康拓的理論，並且宣稱它是毫無價值的。當時的主流數學家龐卡萊也說：「集合論是 " 一種幼稚疾病 "，數學最終就會從中恢復健康」，並指控康拓是 「腐蝕青年」 —— 如同 2,300 年前蘇格拉底遭受的同樣指控。他與蘇格拉底不同之處是，康拓沒有被處死，但也未獲得令他垂涎的柏林大學的教職。對他的攻擊進一步加劇了他長期的抑鬱，使得他在精神病院結束了他的一生。在他還活著的時候，他的理論終於

取得了勝利，其重要性得到普遍的認可，但他太晚享受成功的果實。如今集合論已成為大學一年級的數學課程。

譯者註

希爾伯特支持康拓的關於無窮的理論，他說：「沒有人能夠把我們驅趕出康拓為我們創造的樂園。」他又說：「數學是研究無窮的學問 (Mathematics is the science of infinity.)。」

古希臘哲學論辯的主題之一是，這個世界是「一或多」(One or Many)？元素是「多」(Many)，組成一個集合是「一」(One)，在集合論中，一與多合一。

為什麼比較集合大小時不需要用到數

首先康拓必須克服的第一個障礙是定義。為了談論更大或更小的無窮集，必須要有精確的定義。為此，必須回答一個更基本的問題：何時兩個集合的大小是相同的？對於有窮集合，答案很清楚：如果兩個集合具有相同個數的元素，則它們的大小相同。例如一套 5 本書與 5 支鉛筆的數量是相同的。但是對於無窮集的情形，我們沒有可用的數來代表它的大小。在這裡，康拓具有非凡的洞察力：數並不真正需要。即使在有窮的情況下，也可以不考慮點算的數量來定義集合的大小與相等。舉例來說：為了證明你的兩隻手中都有相同數量的手指，你不必計算每隻手指，而只要將你雙手的手指互相匹配，這叫做「對應」(correspondence)：

如果兩個集合 A 與 B 之間存在有一種「對應」(correspondence) 關係，使得 A 的每一個元素都對應有 B 的一個元素，並且 B 的每一個元素都恰好只有 A 的一個元素跟它對應，這種對應叫做「1-1 對

應」(one to one correspondence) 或對射 (bijective mapping)。這相當於
一個蘿蔔對一個坑。若集合 A 與 B 之間存在有一個「對射」或「1–1
對應」，則稱 A 和 B 具有相同的大小 (same size or equal size)，或 A 和
B 具有相同的基數 (cardinal number)，記為 $\text{card}(A) = \text{card}(B)$。

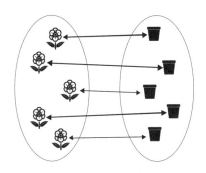

花盆集與花朵集之間存在 1–1 對應的關係，也就是說，每
個花盆恰好對應一朵花，反之亦然。這表示這兩集合的基
數相等。這個定義可以跳過數的概念來比較兩個集合的大
小，同時也可以用於比較無窮集。

對應關係的另一個名稱叫做「函數」(function)，也叫做「映射」
(mapping)。如果該函數命名為 f，那麼對於集合 A 的每一個元素為
x，都對應到集合 B 中的一個元素，記成 $f(x)$。所以讓集合大小相等
的函數關係需要滿足下面的條件：對於集合 B 中的每個元素 y，存在
集合 A 中唯一的一個元素 x，使得 $f(x) = y$。這就像上述例子：兩隻
手的手指可以 1–1 對應。

數學在長達數千年的發展之後，康拓可能是第一個認識到數只是
中介的地位，「1–1 對應」才是比數更基本的概念。事實上，一個人的
右手掌有 5 根手指，它們跟集合 {1, 2, 3, 4, 5} 之間有 1–1 對應的關

係。這種對應是透過點算 (counting) 得到的，即透過扳手指並且數（ㄕㄨˇ）著：1, 2, 3, 4, 5。同理，左手掌的手指與集合 {1, 2, 3, 4, 5} 之間也存在 1–1 對應的關係。所以各手掌的手指都可以用集合 {1, 2, 3, 4, 5} 來表現，因此它們的基數都相同。康拓明白，沒有必要進行調整：兩手的手指可以直接對應。對於無窮集的情形，當我們沒有數可用時，「1–1 對應」是定義集合大小相等的唯一方法。如果兩個集合 A 與 B 之間存在有一個「1–1 對應」的關係，將第一個集合的元素，跟第二個集合的元素對應，那麼我們就定義兩個無窮集的大小是相等的，記為 $A \xleftrightarrow{1-1} B$。通常我們也說此兩個集合具有相同的基數，人還是念念不忘情於數。（「有數的地方就有美」，古希臘的 Proclus 如是說。）

無窮的魔力

> 一個微小空間跟一個大空間一樣，都含有許多的部分。
>
> 法國數學家兼哲學家巴斯卡

康拓對於兩個集合「大小相等」的定義，會導致這樣的結論：對初次遇到這個概念的人似乎是荒謬的。例如，兩個集合看起來明顯是一個大於另一個，但是它們卻具有相同的基數。在有窮集的情形，全體不能與部分在大小上相等。但是在無窮集的情形，這絕對是可能的，也就是說，一個集合可能與其真子集的大小相等。舉例來說，自然數顯然比偶數還要多。只有一半的自然數是偶數，不是嗎？但是這個直覺確是誤導。為了說明這一點，我們讓 0 對應到 0、1 對應到 2、2 對應到 4、3 對應到 6、⋯等等。每個自然數都對應到它的 2 倍偶數。這表

示存在有一個函數 f，將每個自然數 n，都對應到偶數 $f(n) = 2n$。請
注意，此地我們把 0 看作自然數。 這是規約問題，但是如果必要的
話，我們可以去掉 0，把自然數集看做 { 1, 2, 3, … }。

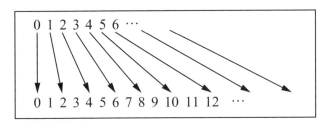

在自然數集與它的偶數真子集之間存在 1–1 的對應關係

譯者註

歐幾里德約在西元前 300 年寫出 13 冊的《原本》(*The Elements*)，標誌著古希臘
人經過約 300 年的奮鬥（西元前 600–前 300），終於誕生歐氏幾何，開啟公理演
繹數學的先河。歐氏由五條幾何公理與五條一般公理出發，推導出當時已知的所
有幾何定理。在五條一般公理中，第五條這樣說：「全體大於部分」(The whole
is greater than the part.)。兩千年後，伽利略 (Galileo Galilei, 1564–1642) 研究自由
落體運動，得到自由落體定律：$S = \dfrac{1}{2}gt^2$，落距 S 為時間 t 的平方律；並且在
1638 年出版《兩種新科學的對話錄》，在書中他提到，自然數與平方數可以形成
1–1 對應的關係：$n \leftrightarrow n^2$；但是平方數只是自然數的一部分。這顯然違背歐氏
「全體大於部分」 的公理，伽利略感到疑惑不解，所以稱為伽利略弔詭
(Galileo's paradox)。 事實上， 這恰是無窮集的特徵！ 德國數學家 Richard
Dedekind (1831–1916) 在 1888 年提出無窮集的定義，就是：設 A 為一個集合，
若存在一個真子集 $B \subset A$，使得 A 與 B 的基數相等，則稱 A 為一個無窮集。因

此，伽利略弔詭不是弔詭！

希爾伯特把這件事寫成一個關於「天堂旅館」的故事，又叫做「希爾伯特的旅館」(Hilbert's Hotel)，它有無窮多的房間，編號為 1, 2, 3, …。某一天所有的房間都住滿了。在當天晚上有一位客人抵達。如果旅館的房間是有窮的話，客人就會被拒絕。但是，如果這家旅館擁有無窮多個房間，經理就可以輕鬆地解決這個問題。他使用廣播系統，要求每一位客人搬到下一個房間：1 號搬到 2 號、2 號搬到 3 號、……等等。現在每個客人都有自己的房間，而且 1 號房間空出來，準備好接納新的客人。

旅館已客滿，但是如果每位客人都搬到下一個房間，則會出現一間空房。

第二天旅館也客滿。但那天晚上，發生了更令人沮喪的事情：無數的新客人抵達！然而，旅館經理再一次發揮他的冷靜智慧。他要求：1 號搬到 2 號、2 號搬到 4 號、3 號搬到 6 號、……等等。請注意，無數的奇數號房間 (1, 3, 5, …) 都空出來了。這些房間可以容納無數的新客人。對於第一次來到希爾伯特旅館的人來說，這可能看起來很神祕，甚至有趣，可能也會很美。我必須承認，即使作為一個專業的數學家，

每天都會使用這個方法，但對我來說，它仍然沒有失去魅力。

這裡還有另一個驚喜：在下圖中，短線段的點集合與長線段的點集合具有相同的大小。它們之間的一個 1–1 對應關係如下圖所示。由點 Q 發送「光線」，上一段的每一個點都對應於下一段的陰影點。

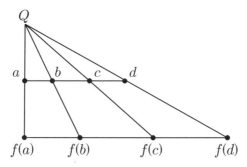

儘管長度不同，但上一段的點數與下一段的點數相同。
從一個點發出的光線建立了兩者之間的 1–1 對應關係。

更令人驚訝的是，有窮線段的點集與整個無窮長線段的點集大小相等！為了證明這一點，我們將採取一個線段去掉兩個端點，並將其彎曲成半圓形。光源放在圓心上，採用相同概念，光線將半圓上的點投射到直線上，成為 1–1 的對應關係，如下圖所示：

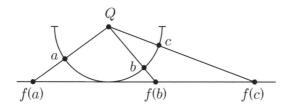

將有窮線段的兩個端點移除，彎曲成半圓形狀。光源從圓心發出就可以把半圓上的點投射到整條無窮長的直線上，形成 1–1 對應，所以兩線的點集大小是相等的。

集合的不相等

這些例子可能會讓人產生錯誤的印象,認為所有的無窮集都具有相同的大小。康拓的偉大發現是,事實上並非如此:有大的集合,還有更大的集合。

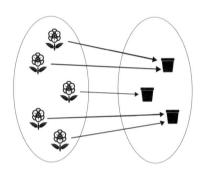

每個花盆都對應有花朵。這表示花的集合
至少要大於花盆的集合。

　　為了說明這一點,我們必須定義集合大小之間的不等關係。讓我們從「大於等於」(相當於 ≥)的概念開始:什麼時候「集合 A 大於等於集合 B」?再次,讓我們從有窮集的情況開始。在上圖中有 5 朵花和 3 個花盆。由於 5 大於 3,所以花的數量大於花盆。然而,這個定義不適用於無窮集的情況,因為我們無法點算。因此,我們再次以對應的方式來進行定義。上圖說明了花集與盆集的對應關係,滿足條件:**每個花盆至少都對應有一朵花。**

這個定義也適用於無窮集：如果存在有一個對應關係，使得集合 B 的每一個元素至少都對應到集合 A 的一個元素，那麼「A 大於等於 B」，此時所有 B 都被遮蓋 (covered) 了。也就是說，對於 B 的每個元素，至少有 A 的一個元素跟它對應。

　　舉例說明：線段 [0, 1) 代表一個點集合（即 0 與 1 之間的所有數，包括 0 但不含 1），下圖說明線段 [0, 1) 大於等於自然數的集合。因為存在一個對應，使得對於每個自然數，都對應該線段的點（實際上，每個自然數都對應許多點）。

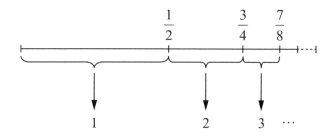

可數與不可數的集合

什麼是無窮集？如果一個集合 A 包含有一序列的不同元素，寫成 a_1, a_2, a_3, …，則稱 A 為一個無窮集。換句話說，如果我們可將每個自然數對應集合 A 中的不同元素，則稱 A 是無窮集。如果在集合 A 中存在這樣的數列，則集合 A 可以使用該數列來遮蓋自然數；也就是說，集合 A 大於等於自然數集。只需將 1 對應 a_1，將 2 對應 a_2，將 3 對應 a_3，依此類推。如此使用集合 A 中的元素就遮蓋了所有自然數，由集合大小的定義，這表示集合 A 大於等於自然數集。

　　結論是：每一個無窮集都大於或等於自然數集。換句話說，自然數集是最小的無窮集。跟自然數集大小相同的無窮集稱為「可數的」(countable)。康拓的第一個偉大發現是，還存在無窮集是「不可數的」(uncountable)。也就是說，不可數的集合大於自然數集。這一發現非常根本，值得另立一章來探討。

34　最美麗的證明？

沒有人能夠把我們驅趕出
康拓為我們所創造的樂園。

希爾伯特

數學證明的美有一些指標。要成為美必須簡短、驚奇、關連到重要與
深刻的結果、可以應用到不同數學領域的各種問題。除了驚奇之外，
其它的都不是必要條件。簡短不是重點，一個很長的證明可能是一棟
美麗的大廈。核心性也不是基本的條件，因為存在有周邊問題具有美
麗的解答。最後，美也跟效用無關。但是，若一個證明滿足所有的四
個條件，那確實就是美。

　　只有少數的證明符合所有的這些條件，康拓的證明就是其中的一
個，我猜想沒有一位數學家不把他的證明列為最美麗的證明之一。它
既簡短又重要，可應用到許多領域，它所根據的方法是整個數學領域
（集合論）的出發點。雖然它是簡潔的，但是即使數學家看過上百遍，
也會感到震撼。康拓證明了下面的普遍定理：

定理 1　對於每一個無窮集，都存在有一個更大的無窮集。

有理數系是可數的

述說所有的真理,但是傾斜著說。
(Say it all, but say it slant.)

艾米莉

康拓分成兩個階段來證明他的這個定理。在第一階段,他只證明所有無限集並非都具有相同的大小。如前面所提到:**最小的無限集是自然數的集合**,但康拓證明存在有更大的無窮集合。換句話說,有些集合是無法點算的,我們稱為「不可數(ㄕㄨˇ)的集合」(uncountable set)。

自然數集 $\mathbb{N}$ 再上去就是有理數集 $\mathbb{Q}$,從集合元素來看,當然是 $\mathbb{Q}$ 的元素比 $\mathbb{N}$ 多,即 $\mathbb{N} \subset \mathbb{Q}$。但是從 1–1 對應的觀點來看,令康拓驚訝的是兩者之間可以作 1–1 的對應,所以兩者的元素個數相等,即基數一樣。在下圖中,我們把所有正的有理數 $\mathbb{Q}_+$ 逐列排出來,第 1 列的分母為 1、第 2 列的分母為 2、……其中有重複,但無礙。由左上角的 $\frac{1}{1}$ 項開始,按箭頭的方式點算,這就建立了 $\mathbb{N}$ 與 $\mathbb{Q}_+$ 的 1–1 對應。進一步,也可得到 $\mathbb{N}$ 與 $\mathbb{Q}$ 的 1–1 對應。因此,card($\mathbb{N}$) = card($\mathbb{Q}$)。

$$\frac{1}{1} \rightarrow \frac{2}{1} \quad \frac{3}{1} \rightarrow \frac{4}{1} \quad \cdots$$

$$\frac{1}{2} \quad \frac{2}{2} \quad \frac{3}{2} \quad \frac{4}{2} \quad \cdots$$

$$\frac{1}{3} \quad \frac{2}{3} \quad \frac{3}{3} \quad \frac{4}{3} \quad \cdots$$

$$\frac{1}{4} \quad \frac{2}{4} \quad \frac{3}{4} \quad \frac{4}{4} \quad \cdots$$

$$\vdots \qquad \vdots \qquad \vdots \qquad \vdots$$

定理 2 有理數系 $\mathbb{Q}$ 是可數的。

　　有理數系之「多」可以從兩方面來看：緊鄰性與稠密性。在數線上，自然數是稀稀鬆鬆的，有很多空隙；並且具有緊鄰性：給一個自然數，例如 3，我們可以說出比 3 大的最小數是 4，比 3 小的最大數是 2。但是，有理數系就很不同，例如 $\frac{1}{2}$，比 $\frac{1}{2}$ 大的最小數以及比 $\frac{1}{2}$ 小的最大數，我們都說不出來 (unutterable)。其次，任何有理數的周圍（近旁）都有無窮多的有理數，這就叫做有理數系具有**稠密性** (denseness)。事實上，任何兩個不相等的有理數之間有無窮多個有理數。把有理數在數線上標出來是密密麻麻的，但它們只是可數而已。這實在令人驚奇！

對角線論證法與實數系的不可數

接著考慮實數系 $\mathbb{R}$，它無法跟 $\mathbb{N}$ 形成 1–1 對應。因此，$\mathbb{R}$ 為不可數。它是比 $\mathbb{N}$ 更高級的無窮。為此我們只須證明單位區間 [0, 1] 為不可數就好了。

定理 ③ 單位區間 [0, 1] 是不可數的。從而實數系 $\mathbb{R}$ 是不可數的。我們稱實數系 $\mathbb{R}$ 為連續統 (continuum)。

利用歸謬法：假設 [0, 1] 為可數，我們要來導出一個矛盾。既然 [0, 1] 為可數，按定義我們可以將其「所有的元素」排成一個數列：$x_1, x_2, x_3, \cdots$。再將它們用小數表達如下：

$$x_1 = 0.a_{11}a_{12}a_{13}a_{14}\cdots$$
$$x_2 = 0.a_{21}a_{22}a_{23}a_{24}\cdots$$
$$x_3 = 0.a_{31}a_{32}a_{33}a_{34}\cdots$$
$$x_4 = 0.a_{41}a_{42}a_{43}a_{44}\cdots$$
$$\vdots$$

其中諸 $a_{ij} \in \{0, 1, 2, \cdots, 9\}$。我們要建構一個數 $\alpha = 0.\alpha_1\alpha_2\alpha_3\alpha_4\cdots$，屬於 [0, 1]，但不等於上述數列的任何一項。為此，考慮「對角線」的項：$a_{11}, a_{22}, a_{33}, a_{44}, \cdots$。對於任意 $k \in \mathbb{N}$，定義：$\alpha_k \in \{0, 1, 2, \cdots, 9\}$，但 $\alpha_k \neq a_{kk}$。那麼 $\alpha = 0.\alpha_1\alpha_2\alpha_3\alpha_4\cdots$ 就是所求。我們假設 [0, 1] 為可數，把所有的元素都排列出來，結果又可以找到一個新數，這是一個矛盾。因此，[0, 1] 為不可數。

康拓的這個證明方法叫做「對角線論證法」(diagonal method)，理

由是顯然的。自從發現此法後，它就不斷地被有效應用，成為數學的一個標準工具。以後我們還會再回來應用它，但現在我們首先要來看，如何把它發展成為用來證明命題：**對於每一個集合都存在有更大的集合。**

冪集

兩年後，康拓證明了我們已經提過的一個更普遍的結果：**不存在有最大的集合。**這是說，對於每個集合都有一個比它更大的集合。

如同證明存在不可數集的情形，此地的證明也是明確的。對於每一個集合 A，康拓建構出一個比 A 大的集合。它是由 A 的所有子集合組成的集合。如果集合 S 為集合 A 的一部分（即由 $x \in S$ 可推得 $x \in A$），我們就稱集合 S 為集合 A 的「子集」(subset)，記為 $S \subseteq A$。「部分」(part) 是指任何部分——S 可以是不含任何元素的空集合 $\varnothing$，或者 S 是包含所有元素的集合（即集合 A 本身）。我們將所有子集所組成的集合稱為「冪集」(power set)，其命名理由我們很快就會說明清楚。先看幾個例子，如果集合 $A = \{1, 2\}$，則其冪集包含 4 個元素（子集合）：$\{1\}$, $\{2\}$, $\{1, 2\}$ 以及空集合，其中空集合是不含有任何元素，記作 $\varnothing$。空集合是任何集合的子集。

~~~~⚘ 譯者註 ⚘~~~~

空集合 $\varnothing$ 是任何集合 A 的子集：$\varnothing \subseteq A$。我們必須證明「$x \in \varnothing \Rightarrow x \in A$」恆為真。但這是邏輯的必然，因為 $\varnothing$ 為空集，所以「$x \in \varnothing$」恆為假。當前提為假時，整個推演式恆為真，證畢。

康拓證明了下面命題：

集合 A 的冪集之基數大於 A 的基數，即 $\text{card}(A) < \text{card}(2^A)$。

在上面的例子中，集合 A 的基數為 2，而其冪集的基數為 4，因此冪集確實比較大。一個很簡單的例子：如果集合 A 是空集，那麼它只有唯一的子集，就是它本身。所以其冪集的基數為 1，而集合 A 本身沒有元素，故基數為 0。集合 $A = \{1, 2, 3\}$ 有 3 個元素，但其冪集有 8 個元素：

$$\varnothing, \{1\}, \{2\}, \{3\}, \{1, 2\}, \{1, 3\}, \{2, 3\}, \{1, 2, 3\}$$

從這些例子中可以明顯看出「冪集」這個名稱的由來。若一個集合 A 有 n 個元素，它就具有 2^n 個的子集，也就是說，其冪集的基數為 2^n，理由是組合學，從 n 個元素中取出一些元素來做成子集，每一個元素都有取與不取 2 種選擇，根據乘法原理，總共有 2^n 種選擇法，一種選擇法就對應一個子集。基於這個理由，A 的冪集記成 2^A。（在上面例子中：一個集合的基數為 2，它就有 $2^2 = 4$ 個子集；一個集合的基數為 3，它就有 $2^3 = 8$ 個子集；空集的基數為 0，它就有 $2^0 = 1$ 個子集。）因為 $2^n > n$，所以冪集 2^A 的基數大於 A 的基數，即 $\text{card}(2^A) > \text{card}(A)$。

這只是證明 A 是有窮集的情形。當 A 是無窮集時，上述命題當然也成立，不過證明稍微奧妙，我們留到本章最後講述。

～⊱ 譯者補充 ⊰～

假設 $f : E \to F$ 為一個映射 (mapping)，將每個元素 $x \in E$ 對應（或指定）F 的一個元素 $f(x) \in F$。集合 $f(E)$ 定義為 $f(E) = \{ f(x) : x \in E \} \subseteq F$，叫做 E 在 f 之

下的映像 (image)。若 $f(E) = F$，則稱 f 為蓋射 (surjective mapping) 或 E 可以覆蓋 (cover) F。若由 $f(x_1) = f(x_2)$ 可得 $x_1 = x_2$，則稱 f 為嵌射 (injective mapping)。若 f 既是嵌射又是蓋射，則稱 f 為對射 (bijective mapping) 或 1–1 對應 (one to one correspondence)。

康拓與馬先生玩遊戲

康拓如何證明他的定理呢？讓我舉例來示明，利用熟悉的玩具「馬鈴薯頭」先生 (Mr. Potato Head)，簡稱「馬先生」。這是一個玩具模型，可以在馬先生的頭上添加各種特徵：耳朵、小鬍子、眉毛、⋯⋯等。在我們的版本中，每個特徵都有兩種可能的選擇——添加或不添加。例如，馬先生要有小鬍子，但不要有眉毛等等。對每個「特徵」(feature) 作不同的一組選擇就會產生不同的一種「性格」(character)：例如「有鬍子與眉毛，但沒有耳朵」；或者「有耳朵與眉毛，但沒有鬍子」。我們把各種特徵看做一個集合 A，叫做特徵集，所以 A 的任何子集都決定一種性格，所有可能性格就是冪集 2^A。在這種情況下，康拓定理是說：**性格多於特徵**。（即「A 的子集個數比 A 的元素個數還要多」或 $\mathrm{card}(2^A) > \mathrm{card}(A)$。）

　　我們要如何證明這一敘述呢？ 為了證明集合 F 大於集合 E，即 $\mathrm{card}(F) > \mathrm{card}(E)$，我們必須證明：不可能用集合 E 來「覆蓋」(cover) 集合 F。也就是要證明：不存在一個映射 $f : E \to F$ 使得 $f(E) = F$。在馬先生的情況，我們想要證明性格多於特徵，即特徵集 A 無法覆蓋所有的性格 2^A。

　　所以，假設我們給一個映射 $f : A \to 2^A$，它將每一個特徵 $x \in A$ 對應到一個性格 $f(x) \in 2^A$。我（或者更確切地說，康拓）將向你展示，

存在有 f 未覆蓋到的性格，即一個性格未指定任何特徵。事實上，我會在你眼前建造這種性格。讓我們稱為**出於惡意** (Out of Spite) 的性格——你很快就會理解為什麼。

記得嗎？我們要將每個特徵指定（或對應）一種性格。因此，鼻子對應一種性格，可能含有鼻子或也可能沒有。出於惡意我們的對應恰好相反：如果這個性格有一個鼻子，則選擇沒有鼻子。如果沒有鼻子，則選擇有一個鼻子。在任何情況下，出於惡意指定鼻子的性格恰好相異於有鼻子的性格。相對於他們是否有鼻子，他們的性格是不同的。

其次，讓我們考慮鬍子的特徵，它指定了一種性格，可能有鬍子或沒有鬍子。如果有鬍子，出於惡意則會選擇不留鬍子。如果沒有鬍子，出於惡意則會選擇留鬍子。然後出於惡意是不同於指定給鬍子的性格——它們在鬍子上是不同的。

我認為如何清楚定義「出於惡意」以及如何獲得此名已經很清楚：對於每個特徵，他選擇與指定給該特徵的性格恰好相反。它在頭髮上與指定給頭髮的性格不同，在左耳上與指定給左耳的性格不同。結果呢？出於惡意與指定給所有特徵的性格都不同。它不等於任何一個。因此，我們發現了一個未指定任何特徵的性格（出於惡意）。由於這個論點適用於每個指定，這表示沒有指定可以讓特徵覆蓋所有的性格。有太多的性格無法完全涵蓋。

為了證明康拓的一般定理，即每個集合 A 的冪集大於集合本身，就是把 A 想成一個集合，其元素是要給馬鈴薯頭先生附加的特徵。如果你較傾向於數學，可以採用任何集合——比如說偶數的集合。我們已經看過，選擇集合 A 的一個子集就形成一種性格；而且集合 A 的子集個數比本身元素還要更多，這表示集合 A 的冪集 2^A 大於 A，即

性格的種類數多於特徵的個數。

即使是經過多年後，對此證明的認識，我仍然覺得很有魅力。出於「惡意」的定義好像是一隻兔子，突然從帽子裡冒出來（變魔術）。證明是如此簡短且令人驚訝，需要一些時間才能消化。這個定理在重要性與證明長度之間的比值相當大，很少有競爭者。

設 A 為由諸特徵所形成的集合，你可以選擇一些特徵（A 的子集）來形成馬鈴薯頭先生的一種性格，康拓證明：性格的種類大於特徵的個數，這對於特徵的個數是無窮的情形也成立。(©Shutterstock)

最後回到康拓定理，採用更抽象的術語與論述（其實是更清晰）：

定理 4 設 A 為一集合，有窮或無窮，2^A 為其冪集。再設 $f: A \to 2^A$ 為一個映射，則 f 不是蓋射 (not surjective)。從而 $\mathrm{card}(A) < \mathrm{card}(2^A)$。

證明其實也不難。映射 f 將 $x \in A$ 對應到子集 $f(x) \in 2^A$。考慮集合

$$C = \{x \in A \mid x \notin f(x)\}$$

我們採用 C 是為了紀念 "Cantor"——並且表示這是一個「出於惡意」(out of spite) 的集合。假設 f 為一個蓋射 (surjective)，這表示：對於

$C \in 2^A$，存在 $c \in A$ 使得 $f(c) = C$。由定義知

$$c \in C \Leftrightarrow c \notin f(c) = C$$

這是一個矛盾。因此，f 不是一個蓋射。另一方面，若定義映射 $g : A \to 2^A$ 為 $x \in A \to \{x\} \in 2^A$，則 g 是一個嵌射 (injective)。從而 $\text{card}(A) < \text{card}(2^A)$。

什麼是集合 C 呢？如果元素 $x \in C$，則 $x \notin f(x)$，反之亦然。這有「惡意」(spite) 的意思。這是一個相當困擾人的定義。它有「繞圈子」的味道，另一個名稱是「自我指涉」。這有點像將人定義為「自己的父親」，或者將數定義為「自己加 1」。這樣的定義往往會產生詭論，就像一個人是自己的父親或一個數是比自己大 1，含有弔詭一樣。事實上，這是集合論中接下來要發生的事情。詭論似乎無處不在，威脅著可能會推翻康拓所建立的整個集合論的美麗大廈。

譯者註

可數（ㄕㄨˇ）或不可數，有時又叫做可列或不可列。有理數集是可數的，但實數集是不可數的。希爾伯特的旅館呈現出可數無窮集的奇妙，更奇妙的是，我們可以證明：

$$(0, 1) \xleftrightarrow{1\text{-}1} [0, 1] \xleftrightarrow{1\text{-}1} [0, 1]^2 \xleftrightarrow{1\text{-}1} [0, 1]^3$$

其中 $[0, 1]^2 = [0, 1] \times [0, 1]$, $[0, 1]^3 = [0, 1] \times [0, 1] \times [0, 1]$。這些集合都具有相同的基數。

在康拓之後，數學展開了全新的一頁。他創立可以談論無窮的集合論，強化了所有的數學基礎。他在 127 年前敲開了人類通往無窮世界的沉重（禁忌）大門。從無窮世界中灑落下來的光芒照亮了有窮世界，讓數學世界持續深化。數學也可以描述為：「集合 + 結構」的系統（Bourbaki 觀點）。結構是數學家威力強大的武器。

35 詭論與矛盾修飾法

在 19 世紀下半葉，德國數學家康拓創立了素樸的集合論。任給一個明確的性質 p，滿足此性質的所有元素 x 就組成一個集合 A，記為 $A = \{x : p(x)\}$，這表示集合 A 是由滿足性質 p 的所有元素 x 組成的。這裡有三樣東西：一個集合 A，一個性質 p，元素 x。

集合論雖然在誕生之初遭到很多人的猛烈攻擊，但不久就獲得了廣泛接受和讚譽。數學家們發現，「一切數學都可建立在集合論的基礎上」，集合論成為現代數學的基石。現代數學可以描述為：集合 + 數學結構。

然而，在 1902 年出現的「羅素詭論」(Russell's Paradox)，讓數學家們意識到一個可怕的事實：集合論隱含著邏輯矛盾。如果把現代數學建立在集合論的基礎之上，將有可能從根基動搖數學大廈。因此「羅素詭論」在當時的數學界和邏輯學界內引起了巨大的震動，並導致了數學發展史上的第三次數學危機。為了解決這個詭論，20 世紀初整個數學界投入了極大的精力。

一個證明的滑稽模仿

在上一章的末尾，康拓的證明成為一個罕見「滑稽模仿」(parody) 的源頭。這不僅僅是一個滑稽模仿，而且也是整個世代的數學家都認真對待的滑稽模仿，由此造成了一個詭論。1903 年，德國數學家弗列格完成了《算術基礎》的第 2 冊。我已經提到過第 1 冊很少受到關注的遺憾命運。現在，弗列格卻要等著接到更令他不愉快的震驚。他把幾乎完成的文本寄送給英國的羅素。羅素在 1902 年給他寫了一個令人震

撼的答覆：他證明弗列格的假設會導致一個矛盾，叫做「羅素詭論」。弗列格試圖在幾週內解決這個矛盾，最後放棄了。他在他的書末加上一個悲觀的附錄，在其中他改變他所使用的證明系統，以至於全書失去了很大的力量。弗列格寫了這樣一段話：「一個科學家在工作完成之日，也正是這一建築物的基礎鬆動之時，沒有什麼比這更糟糕了，當本書即將付印之時，羅素先生的一封信把我置於這樣的窘境。」弗列格從未再寫第 3 冊。羅素在收到弗列格的書之前已經發現了他的詭論，他繼續寫自己的書《數學原理》，但他也添加了一個類似的附錄，試圖解決這個問題。

事實上，羅素的詭論並不新鮮。康拓在約 20 年前就以一種不同的形式發現了它。康拓的表述是這樣的：根據定理（我們在上一章中提出），對於每一個集合，都存在有一個大於它的集合（大中有更大）。但是，如果我們考慮世界上所有可能東西的集合，這應該就是最大的集合。但是根據定理，對於這個集合還存在一個比它更大的集合，這是荒謬的。因為對於一個最大可能的集合，每個其它的集合都被包含在其中，包括這個最大集合本身。

在這個說法中，矛盾被稱為「康拓的詭論」(Cantor's Paradox)。但康拓本人對此並不感到沮喪。他可能理解到它並沒有對他的理論構成重大威脅（後來威脅才變得清晰起來）。其他數學家也沒有認真對待。相比之下，羅素的詭論確實引起了壯闊的波瀾。在那些年代裡，數學家試圖為集合論理出一套精確的公理系統，但他們意識到素樸的公理化是行不通的，它會導致矛盾。

羅素的矛盾因其簡單的表述而產生更大的影響。康拓依賴於一個定理：每一個集合都存在有一個更大的集合。羅素的詭論是從頭開始建構，直接就寫出的矛盾。但如上所述，這兩個詭論實際上是一樣的。

跟康拓不同的是，羅素並不是一位富有創造力的數學家，但他有良好的數學教育，他知道在遇到矛盾時必須做些什麼：分析導致矛盾的證明。他的分析得到這樣的論點，事實上，這是康拓詭論的核心。這就是：我們能想到的大部分集合都不屬於它們自己。例如，椅子所組成的集合不屬於椅子的集合，因為椅子的集合本身不是椅子。自然數的集合不屬於自然數集，因為它本身不是自然數。但也有一些屬於自己的集合，例如，世界上所有事物的集合，因為它是世界上的東西；或者所有集合的集合（因為它本身就是一個集合）；或名字以 "s" 開頭的所有東西的集合。

羅素的詭論：

令集合 $R = \{x : x \notin R\}$，我們要問 $R \in R$ 嗎？若 $R \in R$，則根據定義得知 $R \notin R$。其次，若 $R \notin R$，則根據定義得知 $R \in R$。因此 $R \in R \Leftrightarrow R \notin R$。這是一個矛盾，稱為羅素詭論。（$R$ 是取自 Russell 的第一個字母）

羅素改用一個淺顯的比喻來說明這個詭論。在一個小村莊裡，有一位理髮師發誓說，他只給那些不自己剪頭髮的村民剪頭髮。但現在他處在一個窘境中：他必須剪自己的頭髮嗎？如果他給自己理髮，那麼根據他的誓言，他就不能剪自己的頭髮。但是，如果他不給自己理髮，那麼他必須剪自己的頭髮！

要剪或不要剪？

《譯者註》

畢達哥拉斯主張，任何兩線段都是可共度的 (commensurable)。據此推導出，只要用整數與兩個整數比（即有理數）就足夠幾何學之用。由此進一步證明長方形的面積公式為：長×寬。正方形是特例。然後又證明畢氏定理。再用畢氏定理證明正方形的一邊與對角線是不可共度的 (incommensurable)，震垮了畢氏學派的幾何學，史稱第一次數學危機。這類似於羅素模仿康拓的證明，建構了羅素詭論，震垮素樸集合論，導致第三次數學危機。中間的第二次數學危機是微積分基礎的危機，起因於無窮小 (infinitesimal) 具有「等於 0 又不等於 0」的矛盾性。

理髮師的故事不是一個詭論。只是他的誓言無法實現。然而，羅素的集合 R 似乎導致了一個真正的矛盾。是這樣嗎？當然不是。如果數學公理選得好，它們就不會產生矛盾，因為它們描述著現實，實際上不會有矛盾。像每一個詭論一樣，這個詭論起源於一個鬆懈的定義。在羅素詭論以及原始康拓詭論的背後，都假設了「理解公理」(Axiom of comprehension)。這是說，每個屬性都定義了一個集合：「作為椅子」的屬性定義了所有椅子的集合；「偶數」的屬性定義了偶數的集合。然而，這種假設會產生繞圈子的定義。正如羅素的詭論所表明的那樣，利用理解公理，我們可以利用「屬於自身」的關係來定義一個集合，使其成為自我定義的集合。

頃刻間，數學的基礎被撼動了。好像詭論會把我們驅逐出康拓為我們創造的天堂樂園。但事情很快就被補正。澤梅羅 (Ernst Zermelo) 於 1908 年寫了一個公理系統，在 1922 年再由弗蘭克爾 (Abraham Fraenkel) 加以改進，得到澤梅羅－弗蘭克爾公理系統 (Zermelo-Fraenkel Axiomatic System)，它不包含理解公理。集合的建構更加謹慎，從公理顯然不會導致繞圈子的定義。因此，康拓的天堂一直沒有受到傷害，讓希爾伯特說，被驅逐的危險已經過去了（他如上所述的宣稱：「沒有人能夠把我們驅趕出康拓為我們創造的樂園」，寫於 1926 年）。集合論仍然是最美麗的數學領域之一，詭論不再困擾它。事實上，動盪也有積極的一面：集合論的詭論導致了現代數學中一些最引人入勝的發展。

機率中的詭論

> 謊言，該死的謊言，以及統計學。
>
> 馬克吐溫 (Mark Twain)

矛盾並不是真正的矛盾。它的詭技是隱瞞在一個有缺陷的假設，從中推導出荒謬的結論。它是一個隱藏的錯誤，導致一個明顯的錯誤。解決詭論意味著暴露錯誤。機率論是一個直覺常常具有誤導性的領域，

因此很容易在那裡作弊並產生表面上的矛盾。在機率論的許多詭論中，我選擇一個來說明，叫做「信封詭論」(the envelopes paradox)。

假設你富有的叔叔拿出兩個密封的信封並且告訴你，他在其中一個──你不知道哪個──放入的錢是另一個的兩倍。你可以自由選擇一個信封。你打開它，發現 100 美元。現在，你的叔叔表現出雙倍的慷慨，他說：「如果你願意的話，你可以改變你的選擇」。當然是在沒有打開第二個信封的情況下。現在的問題是，改變選擇是否值得？你隨機選擇了一個信封，因此你有 $\frac{1}{2}$ 的機率選擇到金額較小的信封。在這種情況下，第二個信封含有 200 美元，並且改變選擇將會給你帶來 100 美元的獲利。但是你選擇的信封有可能是金額較大者，在這種情況下，另一個信封將裝有 50 美元，改變選擇讓你損失 50 美元。因此，改換信封是一種賭博，其中有 50% 的機會贏得更大的金額，並且有 50% 的機會失去一筆較小的金額，這是明確而值得一賭的。如果是這樣，那麼改變選擇是值得的。

但這顯然是荒謬的。這個論述並不取決於你在信封裡發現 100 美元。如果你發現 1,000 美元，結論應該是一樣的。但如果是這樣的話，那麼在任何情況下改變選擇都是值得的，這表示你應該在打開第一個信封之前就要改變選擇。但是，這當然是愚蠢的，只因為改變選擇是值得的。

欺騙是非常詭譎的。它基於一個未說出的假設：每個金額具有相同的機率被放入信封。在我們的例子，你打開信封並發現 100 美元的情況下，假設叔叔在一個信封中放 50 美元而在另一個放 100 美元，以及放 100 美元和 200 美元，兩種的可能性相同。如果我們假設第一種可能性的機率遠大於第二種可能性，你可以合理地預期你沒有打開的

信封含有 50 美元，因此不值得改變選擇。

　　每個總和具有相同機會的假設必然是錯誤的。這是因為存在無限數量的可能總和。當存在（比方說）10 種可能性時，每種可能性具有相同的機率，每種可能性為 $\frac{1}{10}$。當存在無限多種可能性時，如果每種可能性具有相同的機率，那麼每種可能性的機率必須為 0，但這表示它們都不會發生！因此，機率分布不均勻。有的金額的組合比其它的組合可能性更大。

　　此地有一個例子可以澄清這一點。假設你叔叔的錢不超過 200 萬美元。在這種情況下，如果你在打開的信封中發現 100 萬美元，你肯定知道第二個信封包含 50 萬美元，而不是 200 萬美元。在這種情況下，顯然，改變選擇是不值得的。

詩的詭論

我打開以色列女詩人 Dahlia Ravikovitch (1936–2005) 的詩集《真愛》，讀到：

> 直到一個小腦袋爆裂
> 紅得像落日的太陽。
> Dalia Ravikovitch，《他一定會來的》，取自《真愛》

　　爆裂用相反的圖像──落日──來表現。或者：

> 沉默在我的內心尖叫，
> 我在沉默中尖叫。
>
> 《安靜的開始》

Dahlia Ravikovitch (©Wikimedia)

在一口氣中同時述說著一些東西以及它們的對立面，稱為「矛盾修辭法」 (oxymoron)，在希臘語中叫做 「愚蠢的智者」。英國詩人 Samuel Taylor Coleridge 在他的 《自傳剪影》(*Biographia Literaria*) 中寫道：

> [想像力的力量] 本身揭示著平衡或對立的和解或不和諧的品質：同中之異與異中之同；普遍與具體；帶著圖像的想法；具有代表性的個人；舊有的熟悉事物帶著新奇感與新鮮感；超越平常感情狀態卻帶著比平常更多的秩序 […]。

我們從中學習到，詩也使用詭論。但是存在著一個基本的區別：雖然數學詭論掩蓋著錯誤，但詩的矛盾修辭背後總是有真理。在矛盾的表面之下，存在著內在的邏輯。在女詩人瑞秋的死亡床上，我們讀到這樣的詩句：「只有我丟失的是我永遠擁有的。」（見《我的死亡》）這含有一個真理，因為外部擁有的東西可能失去，只有內化的東西永存。

詭論是詩用於保持表面和內部之間緊張關係的手段之一。正如我努力表明的那樣，緊張是造成美感的原因。從我們的腳下拉出邏輯的地毯迫使我們在內部尋求真理，並且理解在抽象思想之下，仍然會有一些東西是有意義的。

〰️ 譯者補充 〰️

在莎士比亞的《哈姆雷特》中，有 "to be or not to be" 的永恆謎題。

禪的公案：「隻手之聲」、「如何是祖師西來意？」

姚燧 (1238–1313) 的元曲《憑闌人‧寄征衣》：

> 欲寄君衣君不還，
> 不寄君衣君又寒。
> 寄與不寄間，
> 妾身千萬難。

描述的是進退維谷的心情與兩難 (dilemma) 的困局。

巴斯卡的詭論：

「如果上帝是萬能的，那麼祂就有能力造一堵牆，高到祂跳不過去。因此，上帝不是萬能的。」

36 自我指涉與哥德爾定理

希爾伯特的偉大研究綱領

人生在 23 歲的青年是進行科學革命的好年紀。牛頓在 1666 的奇蹟年也是這個年紀，他創立萬有引力理論，發現微積分，並且建構了現代光學的基本定律。愛因斯坦也差不多在這個年紀，發現了狹義相對論（1905 年）與廣義相對論（1916 年）。哥德爾（Kurt Gödel, 1906–1978，奧地利人）也是如此，當時他證明一個偉大數學定理（1931年），改變了我們對整個數學的看法。

在第 28 章〈什麼是數學？〉裡，我們描述了弗列格所帶來的數學革命，他理解到人類的思想——特別是數學思想可以用數學方法來進行研究。由此產生的研究領域稱為「數理邏輯」(mathematical logic)。弗列格的思想在 20 世紀初由羅素、懷海德與希爾伯特等人接棒繼續發展，美好的希望在數學的天空飛翔。弗列格教導說，描述數學證明的過程可能把它變成機械化。他表明，數學證明只不過是紙上一系列的符號，以明確的規則來運作而已。這些規則的簡潔性使我們能夠機械地檢查一系列的符號是否為證明。以現代的術語來說，電腦可以做到這一點。但如果是這樣的話，那麼我們可能會更大膽地猜想：或許電腦可以用來找到數學證明？給一個敘述（即紙上一些符號的集合），是否可以編寫一個電腦程式來給予證明或否證？只要想像一下，可以實現這個構想的世界是多麼美妙！數學家可以把證明的工作交給電腦去執行，然後就可以退休了，去遊山玩水或做更有意義的事情。即使這樣的電腦程式不實用，只要有可能性也具有理論的價值。

諸如此類的問題在 20 世紀的前 30 年被提出來。當然，那時計算機還不存在，也沒有「電腦程式」(computer programs)，使用「算則」(algorithm) 來代替。算則是一種決定精確操作順序的方法，如烘烤蛋糕的食譜。那個時期的邏輯學家要找尋一個算則，可以用來檢查一個公式是否可證明，如果確定可以的話，它必會找到一個證明。希爾伯特是推動這個目標的主要人物。事實上，他為他那一代人提出了一個完整的研究綱領，還包括一些挑戰。那時，邏輯學家主要的興趣是數論。義大利邏輯學家皮亞諾 (Giuseppe Peano, 1858–1932) 在 1889 年提出的數論公理系統，當時被認為是最後的定音，並被認為可以推導出數論的所有真敘述。希爾伯特的研究綱領與這個系統有關。他為數學家設定的目標如下：

1. 證明皮亞諾的公理系統是**完備的** (complete)，意思是說：對於每個公式 p，系統可以證明 p 或證明其否定 $\sim p$。

2. 找到一個算則，以決定數論中的每一個公式是否在自然數中為真或為假。

3. 找到一個算則，以決定一個公式在皮亞諾公理中是否可以證明。

4. 證明皮亞諾公理是**融貫的** (consistent)，即它們不會導致矛盾。事實上，自然數的存在，滿足這些公理，就證明了這種融貫性 (consistency)。但希爾伯特想要的證明只能依賴於公理的形式，而不是這樣的事實：存在有一個實體遵循這些公理。這種證明稱為「語法的」(syntactical) 融貫性。

井然有序，但效率不高的偵探

我們來看上面的第 3 個目標——尋找一個算則以檢驗可證明性。這種算則有一個自然的候選者：簡單地說，嘗試所有可能性。給定一個公式，你想檢驗其可證明性，那就系統地來做，從較短到較長的所有符號序列。對於每個這樣的序列，檢驗公式是否證明了，或者可能是證明了它的否定式。對於大多數的序列根本不必證明，因為那只是一堆混亂的符號。但也許，在一個偶然的機會，就像猴子隨機敲打一臺打字機一樣，你會命中一個證明或證其否定式。如果存在有這樣的證明，你會在某個時候得到它。因為檢驗一個符號序列是否為給定公式的證明是可行的，因此該算則為良好地定義 (well defined)。

顯然，這不是很有效的辦法。它就像一名警探，試圖透過一個接一個地檢查世界上的所有人來解決謀殺案。正如警察不是以這種方式進行辦案那樣，也沒有人會試圖透過在紙上書寫隨機記號來找到數學定理的證明。然而，在這個階段，我們並不是在尋找一種有效的算則，而是在尋找任何算則。

但是存在更嚴重而深刻的問題。我們不知道何時要停止。調查謀殺案的偵探，算則的效率不高，但它是可行的，因為世界上只有有限數量的人，並且在某些時候算則將會結束。數學證明的情況不同。如果在搜索過程中的某個時刻發現了證明，那就太好了。但是，如果我們檢查了一百萬個序列的記號，並且都沒有得到所需的證明呢？顯然，我們可以繼續進行一百萬零一個序列的檢查，但是我們永遠無法停下來宣布：「我們已經窮盡所有的可能性，但沒有找到證明，所以無法證明。」我們總是有可能在下一步中偶然發現證明。石油勘探者也面臨這種兩難困境，但在他們的情況，至少有一個理論上的限制：如果他

們鑽探並到達地球的另一側，這是一個明顯的失敗跡象。為求證明，任何階段都不應放棄。

但是請注意：如果我們確切知道其中一種可能性確實會發生，即公式或它的否定是可證明的，那麼我們就處於良好的狀態。我們可以在每一步檢查手頭的符號序列是公式或其否定的證明。知道存在其中之一的證明，可以保證在某些時候我們的符號序列將是這樣的證明。因此，算則將會終止。從而，如果第 1 項的希爾伯特綱領是真的，即每個公式或它的否定都可以證明，那麼我們也有一個算則來決定它是兩者中何者成立。

哥德爾定理與希爾伯特綱領的終結

1930 年 9 月在德國的哥尼斯堡 (Königsberg) 舉行了一場數學研討會，由歐洲一些最優秀的數學家參與探討數學的基礎問題。在尾聲，一位年輕、害羞、身材矮小的數學家發表了一篇論文，幾乎沒有引起注意。幸運的是，其中有一位數學家確實理解了這個後來被描述為「20 世紀最重要的定理」，並且傳播到世界上。這位數學家正是馮諾伊曼，他認識到年輕數學家哥德爾的發現具有革命性的意義。

哥德爾在所有細節中都粉碎了希爾伯特的綱領。他證明了：皮亞諾公理系統並不完備；沒有算則可以決定有關數論的公式是真或是假；在皮亞諾系統中沒有算則可以找到證明；並且皮亞諾公理的自洽性沒有語法的證明。

在這些負面的結果中，以第一個最著名。它被稱為「哥德爾不完備性定理」(Gödel's incompleteness theorem)。這是說，在皮亞諾的公理系統中，存在有些真敘述，但是無法證明。當然，既然它們都是為

真，那麼它們的否定也是無法證明的。因此，存在有些敘述 (statement) 既不能證明，它們的否定敘述也不能證明。

好吧，你可能會說，所以皮亞諾是愚蠢的，他沒有設計出一個好的公理系統。讓更聰明的人來提出一個更好的完備的公理系統。也就是說，它可以決定一切——對於每個公式，它都可以證明公式或證明其否定敘述。但是哥德爾的論證適用的範圍更廣：它不僅對皮亞諾的公理系統有效，而且對於每個合理的公理系統都有效。此地「合理」意味著：對於每個符號序列，不論是系統的公理或不是，都可以判定其為真或假。

有些人認為哥德爾證明了 20 世紀最重要的一個定理：數論的任何合理的公理系統都無法證明自然數的所有真事實。(©Wikimedia)

哥德爾的理論吸引了一位年輕英國數學家圖靈 (Alan Turing, 1912–1954) 的注意。圖靈除了是一位異常強大的數學家之外，他還擁有機械設計方面的才能，他希望為哥德爾的論點提供更明確的形式。為此，他發明了電腦的第一個理論模型。而電腦的實際建構並沒有落

後理論很多。在第二次世界大戰期間，圖靈就參與建造一臺原始的電腦，用來破解德國與潛水艇通信的密碼（叫做 Enigma Code）。因此，哥德爾的理論是朝著創造電腦邁出非常重要的一步。

～～♪♪♪ 譯者註 ♪♪♪～

有一部電影《模仿遊戲》就是在描寫圖靈領導一個團隊，破解德國潛水艇的通訊密碼的過程。

圖靈被尊稱為「電腦之父」。(©Wikimedia)

繞圈子 (Circularity)

> 祈禱者創造上帝，
> 上帝創造人，
> 人創造祈禱者
> 又創造上帝，再創造人。
>
> Yehuda Amichai
> 《眾神來來去去，祈禱者永遠持續》，《開放關閉開放》

哥德爾的證明靈感來自一個詭論——以法國數學家理查 (Jules Richard, 1862–1956) 來命名的詭論。它就像羅素的詭論一樣（見前一章），是對康拓對角線論證法的滑稽模仿。像羅素的詭論一樣，它的詭計在於**自我指涉** (self-reference)。事實上，所有持久流傳的詭論都是如此。人類的心靈似乎不是為了容易偵測繞圈子而構建的。基於自我指涉所建立的最著名的詭論是，古希臘哲學家在 –5 世紀發明的所謂「說謊者的詭論」(Liar's Paradox)：

這句話是假的。

讓我們來思考這句話的**真值** (truth value)：如果它是真的，那麼根據它的內容，它是假的。但如果它是假的，那麼根據它的內容，它又是真的。正如羅素的詭論，我們發現一個敘述只有在不正確的情況下才是正確的，這顯然是不可能的事。對這個詭論的研究，多如河流的墨水已經傾注，哲學家也花了許多不眠之夜與之搏鬥。事實上，它背後的詭計非常簡單，跟數的定義沒有太大差別，就是「本身加 1」（由 1 出發，不斷地加 1）。在這個詭論中，用句子的真值來繞圈子定義概念。一個句子不會在進入世界時，它的真值就掛在它的領子上。為了計算句子的真值，我們必須做點事情：將它與現實進行比較。然而，這句話述說著它自己的真值，因此它必須跟現實部分，即真值本身作比較，這就是當前考察的結果。因此，說謊者的句子之真值，其定義指涉到自身。實際上，它被簡單地定義為它自己的否定。這是一個繞圈子定義，因此是無效的。說謊者的句子沒有真值——它既不是真也不是假。

　　哥德爾建構了他自己的一個詭論，一個更精緻的詭論。他考慮一個類似於說謊者的敘述，不同之處在於它跟真值無關，而是跟其被證明的可能性有關。

G：這個敘述無法證明。

　　讓我們將這句話命名為 "G"。下面是關於 G 的一序列論證並且導致矛盾：

1. 首先假設，G 可以被證明。任何可以證明的都是明顯正確的，所以在這種情況下 G 也是正確的。

2. 但是，如果 G 是正確的，那麼，根據其內容，G 無法證明，因為它述說了它本身就不可能證明。

3. 前兩個論證表明，G 是可證明的假設意味著一個矛盾。那麼 G 既是可證明的，也是無法證明的。

4. 根據第 3 步的論證，G 無法證明，如果它可證，就會得到一個矛盾。

5. 將上述四個第一波論述合在一起，就證明了 G 無法證明。

6. 我們已經證明了 G 無法證明。但是根據 G 的內容（即它是無法證明的），我們已經確切地證明了 G！

7. 在第 5 步中我們證明了 G 無法證明。在第 6 步中，我們實際上是給了 G 一個證明。將這兩步合在一起，就構成了一個矛盾——即詭論。

　　這個詭論比「說謊者的詭論」更微妙，它隱藏的繞圈子並不那麼簡單（提示：問題在於假設「可證明的就是正確的」，如果應用在證明中，則變成繞圈子的定義）。在這裡我們到達一個矛盾，因為我們注視的是用語言表達的敘述。在對照之下，哥德爾並沒有達到矛盾。他沒

有用語言寫出他的敘述，但作為一個能述說數的公式本身就是一項傑出的成就。作為一個公式，哥德爾的句子不會導致矛盾，但是在自然數中的公式，它卻無法證明。

詩藝之詩 (Ars poetic poems)

光線沒有正好照射我的道路
我也沒有從父親那裡繼承它，
但是從我的基石我承受了它，
從我的心裡掏出它。

[…]

在我痛苦的錘煉下，
我的心，我的力量之石，破碎了
一股火花飛向我的眼睛
再從我的眼睛飛到我的詩。

從我的詩句，它滑落到你的心裡，
在點燃的火焰中逐漸消失。

而我，用我的精神和心靈的血液
付出火焰的代價。

Hayim Nahman Bialik

自我反思也出現在詩中。這種情況發生在「詩藝之詩」中，超過任何地方，詩人會在詩中講述他或她的詩。 我們已經在女詩人 Lea Goldberg 的《關於我自己》遇到過這種詩（見第 2 章）。「光線沒有正

好照射我的道路」，包含出現在許多詩藝之詩中的兩個想法。一個是，詩不是有意識決定的結果，詩人只是內在力量之手向外投射的被動管道（「火花飛向我的眼睛／再從我的眼睛飛到我的詩」）。另一個想法是，詩人的抱怨：雖然他遭受了激烈的痛苦，但有人卻享受他的詩（「在點燃的火焰中逐漸消失」）。

下面是關於詩人被動性的另一首詩，仍然是取自 Lea Goldberg《關於我自己》的詩：

> 單純地：
> 在一片土地上有積雪
> 另一片是沙漠
> 以及飛機窗口出現的一顆星
> 在晚上
> 在許多土地的上空。
>
> 他們來找我
> 並且命令我：唱歌。
> 他們說：我們就是言語
> 我投降了，唱了他們的歌。
>
> Lea Goldberg《關於我自己》

「詩藝之詩」作為一個整體詩占據了一個驚人的大地方。這應該歸因於詩人的過度自戀嗎？可能不是。我相信答案不會在詩人的個性中找到，而是在繞圈子中所含的固有之美，把東西掛在空中，是因為它掛在自己身上。

為了結束本章，這裡我們舉一首有趣的在詩中繞圈子的例子。以色列詩人 Abraham Shlonsky (1900–1973) 的詩《兩個 `Garoos 的故事》中，否定主義者 no-`garoo 對任何事物都以「不」來回應。在吸取教訓後，他被問到是否會繼續堅持下去。

> 你會繼續說「不」嗎？
> 「不」，他回答。「不，不，不！」
> Abraham Shlonsky，《兩個 `Garoos 的故事》

37
前往無窮大的半途：
大數

我必賜大福給你，論子孫，我必叫你的子孫
多起來，如同天上的星，海邊的沙。

《創世記 (Genesis) 22:17》

英國的英雄作家之一的 David Lodge (1935-) 嘗試向他的朋友解釋「永恆」的意義。他說：「想像有一個如地球那樣大的鋼球，每隔一百萬年就有一隻蒼蠅會飛來，停在鋼球上面，用牠的腳磨一磨鋼球。當鋼球被磨到消失時，永恆甚至還沒開始呢。」

譯者註

永恆是 「無窮」 的化身，它還有另外的一種講法：「在遙遠的北方有一個名叫 Svithjod 的地方，那裡有一塊巨石，高一百英里，寬也是一百英里。每隔一千年，有一隻小鳥會飛來這裡，用牠的喙磨巨石。等到這塊巨石被磨平的時候，永恆時光裡的一天就過去了。」（見房龍的《人類的故事》，聯經出版社，最新增訂版，2016。）

數學家對這個圖像不會留下深刻的印象。對於他們來說，直到鋼球被磨掉時，所經過的年數並不是特別大。舉一個極端的例子，假設鋼球中的原子數量是宇宙中所有原子的數量，估計為 10^{80}。假設蒼蠅每次停下來 ， 只有一個原子粘附在牠的腳上 。 經過一百萬乘以 10^{80} 年，即 $10^6 \times 10^{80} = 10^{86}$ 年，鋼球才被磨掉。有些數學家在每日的工作

中，會遇到比這個更大的數，特別是在我自己研究領域的組合學。例如，100 個人排成一列的方法數，比這個數要大許多。

我們可以處理這些數，但它們很難理解。即使是「一百萬」也是人們無法掌握的一個數。在辛普森 (O. J. Simpson) 謀殺案的「世紀審判」中，被告被指控謀殺前妻和她的朋友，一名鑑定專家為控方作證說，在謀殺現場發現的血液不屬於被告的機會是 10 億分之 1。另一名辯護專家聲稱機會是幾百萬分之一，而這一陳述就足以讓辛普森無罪釋放——因為陪審團對「機會是百萬分之一」的含義一無所知。

數學家也不太了解大數的含義，但是他們卻跟它們相處得很好，他們也知道如何簡潔地寫出來。操作大數的訣竅是重複其它操作。例如，乘法是重複的加法，而提升到冪次方則是乘法的重複。10^{10} 意思是「10 的 10 次方」，即 10 乘 10 乘 10……，是 10 自乘 10 次。這是 100 億，在 1 之後跟著 10 個零。$10^{10^{10}}$ 表示 10 的 10^{10} 冪次，這是在 1 後面跟著 10^{10} 個零。如果我們在一張紙帶上寫下這個數，那麼紙帶將繞行世界大約 1,000 次。

這些數有什麼意義嗎？在某個研討會上，一位著名的數學家聲稱沒有意義。「對於像 $10^{10^{10}}$ 這樣巨大的數沒有實際意義。它們比任何物理尺寸都要大。它們太大了，以致於不能用常規的數學工具來處理。例如，我們永遠無法查驗 $10^{10^{10}} + 1$ 是否為一個質數。」

一位觀眾站起來問道：「假設有兩位數學家來找你，一位證明費瑪猜測對於所有小於 $10^{10^{10}}$ 的數都成立；另一位證明費瑪猜測對於所有大於 $10^{10^{10}}$ 的數都成立。哪一個結果對你比較有趣？」跟任何數學家一樣，演講者被迫承認第二個結果更重要。（在先前的第 27 章〈無預期的組合〉中，我們解釋了費瑪的猜測。在說上述故事的時候，這個

猜測還沒有解決。）

在這個時候，又有其他人起身說：「$10^{10^{10}} + 1$ 不是質數，因為 $10^{10^{10}}$ 可以寫成五次方的形狀，即 a^5。」（為達此目的，只需右肩膀上的冪次方 10^{10} 可以被 5 整除就好，但這是顯然的。） 因此，原數形如 $a^5 + 1$，而且這種形式的數不是質數。它是兩個比較小的數之乘積，因為 $a^5 + 1 = (a+1)(a^4 - a^3 + a^2 - a + 1)$ （請讀者把括號乘開以驗證此恆等式）。這個故事的寓意是，即使我們無法理解大數的含意，數學仍然可以處理它們。

孩子們對「谷歌」(googol) 這個數著迷，也許是因為名字的關係，此數就是 10^{100}，即 1 的後面跟著 100 個零。許多孩子認為這是世界上最大的數。一谷歌與數 $10^{10^{10}}$ 相比，差別很小，但仍然無法理解。有一次我問我的女兒，「世界上有什麼東西是一谷歌嗎？」她毫不猶豫地回答說：「是的，一秒就是一谷歌秒分之一谷歌 (googol googolths)」（正如一秒就是十秒的十分之一）。當然，這只是在耍賴，「一秒鐘的谷歌分之一 (googolths)」只存在於我們的想像中，而無法用時鐘來計算它。

在現實世界中，還有一種方法可以出現巨大的數，那就是組合學。例如，我們已經提到的一個數：100 個人排成一列的方法數。這個數是如何計算的？在 100 人中，放在第一個位置有 100 種方法，然後放在第二個位置有 99 種方法（只有 99，因為已經有一個人被選擇放在第一個位置）。因此，有 100×99 種可能把人放在前兩個位置。對於這些可能性中的每一種，又有 98 種方法可以選擇放在第三個位置，因此，我們有 $100 \times 99 \times 98$ 種方法放置前三個位置。按此要領繼續下去，我們發現 100 人的排列方法數是 $100 \times 99 \times 98 \times 97 \times \cdots \times 3 \times 2 \times 1$，記

成 100!，稱為「100 的階乘」。利用史特林的公式（$n! \sim \sqrt{2\pi n}\ n^n e^{-n}$，這在第 25 章〈一個魔數〉中談過），100! 可以估計為 10^{150}，這遠遠大於宇宙中所有原子的個數。將地球上的所有居民排成一列的方法數大約為 $10^{10^{10}}$——這個數就如此出現在實際生活的情境中。但是，這些大數也不真正來自現實生活，因為沒有人會想要把地球人排列起來，甚至不會想要在紙上把他們的名字都列出來。

譯者補充

古希臘哲學家 Anaxagoras 說了許多名言，我們引三則來欣賞：

1. 在小之中沒有最小，在大之中沒有最大，因為總是小中還有更小並且大中還有更大。

   (There is no smallest among the small and no largest among the large, but always something still smaller and something still larger.)

2. 表象只是對隱藏事物的驚鴻一瞥。

   (Appearances are but a glimpse of what is hidden.)

3. 任何現象都有自然的解釋。月亮不是神，只是一塊大石頭，太陽是一塊炙熱的石頭。

   (Everything has a natural explanation. The moon is not a god, but a great rock, and the sun a hot rock.)

38 無窮小量

萬有都在變化

> 萬有皆流變。
> 古希臘哲學家 Heraclitus（約西元前 540–前 480）

萬有皆流變。世界不斷地在變化與運動著，研究世界就是研究物體的變化與運動。古人相信，物體不斷地在作**連續的**運動，而不作跳躍，直到約在一個世紀前，量子力學出現才改觀，次原子的微觀世界是**離散的**且作量子跳躍。但是對於宏觀世界的物體，現代物理學仍然假設物體的變化與運動是連續的。研究連續變化的數學叫做「**微分學**」(differential calculus)。

⟪⟫ 譯者註 ⟪⟫

古希臘哲學家已經提出萬古常新的「存有與變易之謎」(The enigmas of Being and Becoming)。眼前所見的存有是什麼？世界變易的機制是什麼？變易又分成變化與運動。再問物質與變化是連續的或離散的？這些形成了澎湃的思潮，影響至今。拉丁諺語：「大自然不作跳躍。」這是持著連續的世界觀。亞里斯多德說：「對運動現象的無知就是對大自然的無知 (To be ignorant of motion is to be ignorant of Nature.)。」在沒有微積分之前很難研究變化與運動現象。

有時我們可以開玩笑地說，微分學是由一個認為世界是平直的人發現的——這是正確的。一隻螞蟻站在一個大而光滑的球面上，會認為牠站在一個平面上，因為牠所看到的周遭近處是平坦的。正是居於這個理由，人們相信地球是平坦的（地平說），直到他們擁有了進一步的思想和實踐方法才改為地圓說。從某種意義上來說，微分學有助於恢復這種古信念。它所依據的假設是，用顯微鏡觀察一條平滑的曲線（將局部放大），它看起來是平直的。事實上，這是「平滑曲線」的定義。在世界中考察曲線時，通常認為它們是勻滑的。順便一提，自從發現碎形 (fractal) 以來，就不再認為那個假設是必要的，因為不論如何靠近來觀察碎形的局部曲線，看起來仍然是粗糙的。

譯者註

用幾何的術語來說，微積分就是要處理彎曲的對象，這有縮小或放大兩種對偶的觀點：縮小的觀點是，專注在局部無窮小的範圍，此時彎曲的就變成是平直的；其次是放大的觀點，用顯微鏡來看，彎曲的也變成平直的。面對局部無窮小的平直世界，配合萊布尼茲所創造的優秀記號，微積分就誕生了，而且變成一套高等算術的演算，如詩般地順利暢行，戡天縮地。

古希臘人發現了許多數學的基本觀念，也發現了微分學。他們已經知道如何透過「顯微鏡來觀看事物」。例如：他們在計算圓的面積時，就好像是取自 17 世紀才誕生的微積分（微分學與積分學的合稱）。他們把圓分割成許多微小的扇形，如下圖所示：

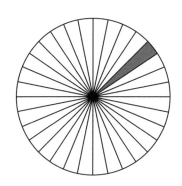

　　如果扇形都非常狹小，那麼它們就逼近於三角形：它們的底邊就像一條直線，正如從低處觀察地球是平坦的。我們知道三角形的面積是：*底乘以高除以2*。如果我們認為每個扇形幾乎都是一個三角形，那麼它的高就是圓的半徑。因此，每個扇形的面積近似於它的底乘以圓的半徑再除以2；並且當扇形越狹小時，近似值就越準確。因此，圓的面積就是所有扇形面積的總和，即半徑乘以其所有底邊之和除以2。但是所有底之和就是圓周長。因此，圓的面積等於半徑乘以圓周長再除以2。因為半徑為 R 的圓，圓周長為 $2\pi R$，所以圓的面積為

$$(*) \qquad R \times 2\pi R \times \frac{1}{2} = \pi R^2$$

這可能讓你回憶起中學時代學到的公式：半徑為 R 的圓，圓周長為 $2\pi R$，面積為 πR^2。順便一提，為什麼圓的圓周長為 $2\pi R$ 呢？這是一個定義問題。圓周率 π 被定義為圓周長與其直徑的比值（跟圓的大小無關），即圓周長與 $2R$ 的比值。

~~~~~译者註~~~~~

圓可以這樣看：考慮圓的內接正多邊形，讓邊數不斷增加，乃至趨近於無窮大，那麼內接正多邊形就趨近於圓。換言之，圓是「無窮多邊的正多邊形，每一邊都是無窮小」。讓圓的內接正多邊形之邊數不斷增加，終究「窮盡」了圓，這個想法叫做「窮盡法」(method of exhaustion)，從而得到如上述的圓面積公式 (*)。當然也可以用圓的內接正多邊形與圓的外切正多邊形，裡外夾攻圓，例如阿基米德的傑作：單位圓的面積為 π，由圓的內接正 6 邊形與外切正 6 邊形出發，計算面積，然後讓邊數不斷加倍，來到圓的內接正 96 邊形與外切正 96 邊形，算得

$$3\frac{10}{71} < \pi < 3\frac{1}{7} = 3\frac{10}{70}$$

通常我們用 $3\frac{1}{7} = \frac{22}{7} \approx 3.14$ 來估算 π，這準確到小數點後兩位數，這是阿基米德的成果。

在古代，使用上述論證法來計算面積和體積，這個方法叫做「窮盡法」。它是由 Eudoxus 發展的，並且出現於前 4 世紀（西元前 300 年）歐幾里德所著《原本》中。數學大師阿基米德精通此法。他計算出圓的面積、球體的體積以及拋物線的弓形面積（弓形是由拋物線與一直線所圍成的領域）。在他的所有成就中，阿基米德最欣賞的就是這幾個計算結果。他要求死後在他的基碑上刻一個圖：圓柱中內切一個球，見下圖，以見證他發現的最得意的一個結果：一個球內接於圓柱中，那麼圓柱的體積等於球體積的 $\frac{3}{2}$ 倍。

阿基米德要求死後在他的墓碑上刻一個圖：圓柱中內切一個球，以見證他發現的最得意的一個結果：一個球內切於圓柱中，那麼球的體積是圓柱的體積的 $\frac{2}{3}$ 倍。

譯者註

圓柱中內切一個球，再內接一個正圓錐，形成柱、球、錐的三合一，見下圖。它們的體積與表面積有更美妙的比例關係：

體積的比值

$$柱：球：錐 = 3:2:1$$

表面積的比值

$$柱：球：錐 = 3:2:\frac{1+\sqrt{5}}{2}$$

其中 $\frac{1+\sqrt{5}}{2} \approx 1.618$ 叫做黃金數 (golden number)，出現於黃金分割 (golden section) 裡的一個比值。$\frac{1+\sqrt{5}}{2}$ 的倒數為 $\frac{\sqrt{5}-1}{2} \approx 0.618$，也叫做黃金數。

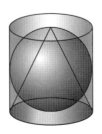

　　「透過顯微鏡來觀察」，即「讓事物的尺寸趨近於零」的想法，到達 17 世紀時又重新流行。事實上，這開始於用望遠鏡來觀察天象（顯微鏡與望遠鏡恰好是對偶的兩面，代表微觀與宏觀）。首先由丹麥偉大天文學家第谷 (Tycho Brahe, 1546–1601) 開其端，他比任何前輩都進行了更為精確的觀察。第谷跟他的徒弟克卜勒在布拉格一起工作。克卜勒由第谷的觀測資料歸結出行星運動的三大定律。接著，年輕的**牛頓**嘗試要解釋這些定律，需要一種適合於研究運動現象的數學工具。在這個需求之下，現代微分學因而誕生了。當時德國的**萊布尼茲**也發展出類似的想法，並且還發明優秀的符號，迄今為止都仍在使用。牛頓擔心萊布尼茲試圖竊取他的成果。他曾向萊布尼茲發信，提出了他的想法，但那時郵件的傳遞非常緩慢。牛頓相信：萊布尼茲緩慢的回應是為了讓自己能夠詳細闡述牛頓的想法，並且搶得這項功勞。後來牛頓指控萊布尼茲抄襲，發動英國皇家學會進行調查。牛頓是皇家學會的主席，自己寫調查報告，自己當法官兼陪審團，兩造合而為一。儘管如此，牛頓毫無疑問是兩人中比較原創的一方。但是萊布尼茲對牛頓非常慷慨，他稱讚牛頓說：「直到牛頓為止的全部數學，牛頓貢獻了較好的一半。」

　　微分學對偶的另一半是積分學。微分學從函數的大域行為中推導出局部無窮小變化的訊息。例如：計算物體在每一個位置與任何時刻的瞬間速率。積分則恰恰相反：它從局部瞬間的行為導出大域的行為。例如：根據任何時刻的速率，計算出物體在任何時刻的位置。微積分就在局部與大域之間來回，揭開了運動與變化的祕密。

古希臘的阿基米德住在西西里島。他是一位多才多藝的數
學家、工程師和發明家,並且是古代世界最偉大的數學家。
他發明了一種抽水機,以他的名字來命名。他建造了先進
的武器,抵抗羅馬的攻城,以保衛他的故國家園
(Syracuse)。最後,當城市陷落時,一名羅馬士兵發現他在
沙地上畫幾何圖形。傳說中,當士兵問他在做什麼時,他
回答說:「不要弄壞我的圓」——這個答案讓他失去了生
命。(©Wikimedia)

微小事物的表現

> 一個詩人必須讓他的童心近在咫尺。
> 美國詩人 Theodore Roethke (1908–1963)

對於無窮小的研究在詩中也有平行的類推,這叫做「用微小事物來表
現」的機制。這個術語是佛洛伊德創造的,他在夢中發現了它。像所
有其他夢的運作方式,夢經常是把禁忌的內容以偽裝的形態來表現,
承載的訊息是透過一個看似微不足道的小細節來出現。在詩中這個機
制扮演著類似的角色:信息以間接的方式傳達。在詩這一面就成為周

知的，詩以精簡的語言來表現。我們舉俄羅斯女詩人 Anna Akhmatova (1889–1966) 的一首詩為例。女詩人的困惑，表現在一個看似無關緊要的細節，手套戴在錯誤的手上：

> 我的胸部無助地感到寒冷，
> 但我的步履輕鬆，
> 我從左手脫下手套
> 卻錯誤地套上右手
>
> > Anna Akhmatova，《最後一次相遇之歌》
> > 譯自《從結束到開始》：雙語的俄文詩歌選集。

艾米莉也是敘述小事物的女詩人：

> 要造一片草原，
> 只需一棵三葉草和一隻蜜蜂，
> 一棵三葉草，一隻蜜蜂，
> 還要加上夢想。
> 如果缺少蜜蜂
> 單獨夢想也能辦得到。
>
> > 艾米莉，《造一片草原》[no. 1755]

詩教我們敘述小事物，留下想像的空間。由於小事物不占用太多空間，其餘的部分將任由我們的想像力去填補。下一首詩是由美國詩人威廉斯 (William Carlos Williams, 1883–1963) 所寫的，講述細節的重要性：

多麼的
倚賴

一輛紅色
手推車

沐浴在雨
水中

伴著白色
小雞

　　　　　　　威廉斯，《紅色手推車》

這很可能是在描寫兒童時期的一張照片。沒有任何事物像童年的記憶
那樣，在看似缺乏重要性和強烈情緒之間存在著這麼大的差距。童年
的一張照片、經驗、或小事物可以是成年人內心深處的重要世界。兒
童經驗所占的比例，與從成年人的角度來體驗的比例是不同的。正如
Theodore Roethke 所示明的（見本節的開頭引詩），一位詩人的靈魂在
成年時期，需要有這種感知。

　　日本人也在詩中實行了小型化，並且在許多領域中把它提升到藝
術的形式。一首俳句 (haiku) 如一首盆景詩，講究用微小的細節滿載著
情感和思想：

屍體
一隻螃蟹踩踏過，
在這個秋天的早晨。

　　　　　　正岡子規 (Masaoka Shiki, 1867–1902)

正岡子規 (©Wikimedia)

一個小細節可以教導外部發生以及內部發生的事情：

> 洗衣棍的影子
> 訴說著
> 冬天已完全到來。

正岡子規

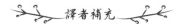

譯者補充

王維的詩被稱譽為「詩中有畫，畫中有詩」。巴斯德說：「無窮小的作用是無窮大」。事實上，利用無窮小可以建立微積分。

39 無窮多個數之和為有限數

古希臘哲學家季諾（Zeno of Elea，西元前 490–前 425）提出有關於運動現象的四個詭論 (paradoxes)，用來「證明」運動是不可能的。兩千年後，數學家也遇到同樣的問題，但卻導致微分學的誕生。在季諾當時，由於缺乏必要的數學工具，所以他認為導致了矛盾，其中最著名的是「阿奇里斯和烏龜的詭論」 (the paradox of Achilles and the Tortoise)，見下圖：

只要讓烏龜在阿奇里斯之前一段距離，那麼他就永遠追不上烏龜。

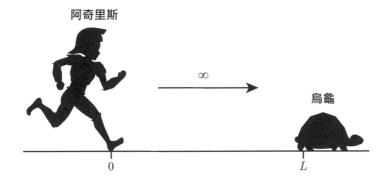

阿奇里斯是古希臘神話中的飛毛腿，季諾論證說「飛毛腿追不上烏龜」，你相信嗎？他的論證如下：

季諾的論證：因為每當阿奇里斯追到烏龜原先的位置時，烏龜也向前
走了某段距離，如此這般，永不止息，所以阿奇里斯永
遠在烏龜的後方。

這違背了常識，是荒謬的，到底問題出在什麼地方呢？讓我們提
出準確的數學問題。

問題：阿奇里斯追上烏龜要花多少時間？

$$
\begin{array}{c c c c}
& L & \dfrac{L}{\alpha} & \dfrac{L}{\alpha^2} \\
\hline
P_1 & P_2 & P_3 & P_4
\end{array}
$$

假設阿奇里斯在 P_1 點，烏龜在 P_2，相距是 L 公尺，見上圖，阿奇
里斯的速度是 v_a 公尺／秒，烏龜的速度是 v_t 公尺／秒，並且 $v_a = \alpha v_t$，
$\alpha > 1$。

第 1 回合，阿奇里斯從 P_1 點出發追趕烏龜，經過 L 距離到達 P_2
點，費時 $\dfrac{L}{v_a}$ 秒，烏龜向前走了

$$\frac{L}{v_a} v_t = \frac{L}{\alpha v_t} v_t = \frac{L}{\alpha} \text{ 公尺}$$

烏龜到達 P_3 點。

第 2 回合，阿奇里斯追趕 $\dfrac{L}{\alpha}$ 的距離，到達 P_3 點，費時 $\dfrac{L}{(\alpha v_a)}$
秒，而烏龜又向前走了 $\dfrac{L}{\alpha^2}$ 的距離，到達 P_4 點。

第 3 回合，阿奇里斯追趕 $\dfrac{L}{\alpha^2}$ 的距離，到達 P_4 點，費時 $\dfrac{L}{(\alpha^2 v_a)}$，而烏龜又向前走了 $\dfrac{L}{\alpha^3}$，到達 P_5 點。

按此要領一直做下去，我們得到一系列的數據，列表如下：

	兩者的距離	阿奇里斯追趕烏龜的時間
1.	L	$\dfrac{L}{v_a}$
2.	$\dfrac{L}{\alpha}$	$\dfrac{L}{\alpha v_a}$
3.	$\dfrac{L}{\alpha^2}$	$\dfrac{L}{\alpha^2 v_a}$
4.	$\dfrac{L}{\alpha^3}$	$\dfrac{L}{\alpha^3 v_a}$
⋮	⋮	⋮

因此，阿奇里斯追上烏龜總共所走的距離為

$$L + \frac{L}{\alpha} + \frac{L}{\alpha^2} + \frac{L}{\alpha^3} + \cdots = L(1 + \frac{1}{\alpha} + \frac{1}{\alpha^2} + \frac{1}{\alpha^3} + \cdots) = L\frac{\alpha}{\alpha-1} \text{ 公尺}$$

總共所花的時間為

$$\frac{L}{v_a} + \frac{L}{\alpha v_a} + \frac{L}{\alpha^2 v_a} + \frac{L}{\alpha^3 v_a} + \cdots = \frac{L}{v_a}(1 + \frac{1}{\alpha} + \frac{1}{\alpha^2} + \frac{1}{\alpha^3} + \cdots) = \frac{L}{v_a}\frac{\alpha}{\alpha-1} \text{ 秒}$$

阿奇里斯與烏龜之間總會有一些差距，但是距離變得越來越小，乃至趨近於 0：$\dfrac{L}{\alpha^n} \to 0$，因為 $\alpha > 1$。阿奇里斯追趕上烏龜的距離與時間都是有限數。從而阿奇里斯可以很快超越烏龜。那麼季諾的障眼法在哪裡呢？

季諾讓人誤以為，無窮多項之和必為無窮大，因此阿奇里斯與烏龜相遇的時間為無窮大。然而這是錯誤的。無窮多項之和可以是有限數，其條件是各項遞減的足夠快速。或從另一方面看，季諾把有限

的量分割成無窮多個，然後要阿奇里斯去完成這個無窮步驟，每一步驟完成時，阿奇里斯都落在烏龜的後方。事實上，從時間的角度來看，即使無窮多步，但所花的時間是有限的。因此，阿奇里斯在有限時間追趕上烏龜完全沒問題。

我們也不難證明：當公比 r 為小於 1 的正數時，則無窮幾何級數 $1 + r + r^2 + r^3 + \cdots$ 收斂於有限數。答案是什麼數呢？我們可以利用第 17 章〈上帝之書〉中的方法來計算此和。令 $S = 1 + r + r^2 + r^3 + \cdots$，兩邊乘以 r 得到 $rS = r + r^2 + r^3 + r^4 + \cdots$。注意，$rS$ 與 S 的表達式是如此地接近，只是差了第一項 1。所以 $rS = S - 1$，這是 S 的一個方程式，很容易求解。將 S 移到左邊得到 $(1 - r)S = 1$，再兩邊除以 $(1 - r)$，就得到

$$S = 1 + r + r^2 + r^3 + \cdots = \frac{1}{1 - r}$$

事實上，只要有 $|r| < 1$ 的條件，上式就成立。這叫做無窮等比級數的求和公式。舉例來說：若 $r = \dfrac{1}{2}$，則有

$$1 + \frac{1}{2} + \frac{1}{4} + \frac{1}{8} + \cdots = \frac{1}{1 - (1/2)} = 2$$

這是我們在之前發現的。在阿奇里斯與烏龜賽跑的問題中 $r = \dfrac{1}{\alpha}$，$\alpha > 1$，所以透過公式就得到

$$1 + \frac{1}{\alpha} + \frac{1}{\alpha^2} + \frac{1}{\alpha^3} + \cdots = \frac{1}{1 - (1/\alpha)} = \frac{\alpha}{\alpha - 1}$$

因此，在 $\left(\dfrac{L}{v_a}\right)\dfrac{\alpha}{\alpha - 1}$ 秒之後，阿奇里斯就會追上烏龜，正如在前述所得到的。

英國的哲學家、邏輯家與諾貝爾文學獎得主羅素，他說：

> 季諾關注三個問題……。 這些問題是有關於無窮小、無窮大以及連續性……。

他又稱讚季諾說：

> 幾乎所有從季諾時代到今日所建構出的有關於「時間、空間與無窮」的理論，我們都可以在季諾的論證裡找到背景基礎。

在數學史上發生過三次的數學危機。第 1 次是畢氏學派發現 $\sqrt{2}$ 為無理數以及季諾提出的詭論。第 2 次是微積分基礎的危機，起於無窮小量產生的矛盾。第 3 次是集合論的危機，由羅素提出的理髮師的詭論開其端。

數列的項趨近於 0 但是其和為無窮大

當級數的一般項趨近於 0 時，級數的和為有限數，這個命題總是會成立嗎？答案是否定的。舉個最簡單的例子，考慮無窮級數：

$$1 + \frac{1}{2} + \frac{1}{2} + \frac{1}{3} + \frac{1}{3} + \frac{1}{3} + \frac{1}{4} + \frac{1}{4} + \frac{1}{4} + \frac{1}{4} + \cdots$$

（接下來是 5 個 $\frac{1}{5}$，等等）

這個無窮級數的一般項趨近於 0，而兩個 $\frac{1}{2}$ 之和為 1，三個 $\frac{1}{3}$ 之和為 1，四個 $\frac{1}{4}$ 之和為 1，…。最終得到無窮多個 1 相加。這表示級數的部分和數列趨近於無窮大，即級數之和為無窮大（我們說：級數發散到無窮大）。

　　下面的例子比較詭譎，而且也比較重要。考慮無窮級數：

$$1 + \frac{1}{2} + \frac{1}{3} + \frac{1}{4} + \frac{1}{5} + \cdots + \frac{1}{n} + \cdots$$

我們稱它為　「調和級數」　(harmonic series)　，這有音律上　「泛音」
（overtones，或弦外之音）的道理。它的一般項趨近於 0，但是級數
和為無窮大，這代表它的部分和數列趨近無窮大。理由我們說分明如
下，首先將級數集項：

$$1 + \frac{1}{2} + (\frac{1}{3} + \frac{1}{4}) + (\frac{1}{5} + \frac{1}{6} + \frac{1}{7} + \frac{1}{8}) + (\frac{1}{9} + \frac{1}{10} + \cdots + \frac{1}{16}) + \cdots$$

$$\vee$$

$$1 + \frac{1}{2} + (\frac{1}{4} + \frac{1}{4}) + (\frac{1}{8} + \frac{1}{8} + \frac{1}{8} + \frac{1}{8}) + (\frac{1}{16} + \frac{1}{16} + \cdots + \frac{1}{16}) + \cdots$$

$$\vee$$

$$1 + \frac{1}{2} + \frac{1}{2} + \frac{1}{2} + \frac{1}{2} + \frac{1}{2} + \cdots$$

$$\|$$

$$\infty$$

我們觀察到，第一行括號內的和至少為 $\frac{1}{2}$。為什麼呢？第一個括號含
有 2 個數，每個數至少為 $\frac{1}{4}$，所以其和至少為 $\frac{1}{2}$；第二個括號含有
4 個數，每個數至少為 $\frac{1}{8}$，所以其和至少為 $\frac{1}{2}$，依此類推。所以我們
有無窮多個數，每個數至少都是 $\frac{1}{2}$，加起來為無窮大。原級數比這更

大，所以它發散到無窮大。

調和級數展現著「積少成多」、「積小成無窮大」的典範。

排成一列的數叫做數列 (sequence)，若是無窮多項就叫做無窮數列 (infinite sequence)：

$$a_1,\ a_2,\ a_3,\ \cdots,\ a_n,\ \cdots\ ，\text{簡記為}\ (a_n)。$$

考慮無窮數列的相加叫做無窮級數 (infinite series)：

$$a_1 + a_2 + a_3 + \cdots + a_n + \cdots\ ，\text{簡記為}\ \sum_{n=1}^{\infty} a_n。$$

要賦予無窮多項相加的意義或求其和，採用如下的步驟：首先定義首 n 項部分和 (partial sum) 的數列 (S_n)：

$$S_1 = a_1$$
$$S_2 = a_1 + a_2$$
$$S_3 = a_1 + a_2 + a_3$$
$$\vdots$$
$$S_n = a_1 + a_2 + a_3 + \cdots + a_n$$
$$\vdots$$

如果極限 $\lim\limits_{n\to\infty} S_n$ 存在（有限值），我們就稱無窮級數收斂 (convergent)，否則就叫做發散 (divergent)。當 $\lim\limits_{n\to\infty} S_n$ 存在且等於有限數 S 時，我們就說無窮級數 $\sum_{n=1}^{\infty} a_n$ 收斂且其和為 S，記為 $\sum_{n=1}^{\infty} a_n = S$。

40 情節逆轉

在笑話中，無預期的逆轉 (twists) 會造成幽默的效果。在數學與詩中，也會產生美感。在本章中，我再回到詩，在此逆轉扮演著特殊的角色：在詩的最後一行把整首詩的意思完全翻轉過來。我們已經遇到過這樣的詩，例如在第 32 章〈無窮的誇大〉裡所引的詩《看見太陽》，我們也探討了這個技巧的微妙處。

當整首詩的意義在最後一行發生變化時，必須在一瞬間消化許多信息。突然間，前面的所有詩句都必須重新解讀。由於我們的意識思維不夠快，無法如此快速地掌握所有的變化，因此未能完全理解大部分的信息。

讓我再舉一首詩來闡明這一點，這是以色列詩人史坦貝克 (Jacob Steinberg, 1887–1947) 寫的《生命之書》(The Book of Life)。

> 它可能發生，一個孩子沒有玩伴
> 他抱著一本厚書，卻無心閱讀
> 只是一頁一頁地翻著它。
>
> 突然間，彷彿受到神祕感的吸引，
> 他的手停止了翻頁
> 他的小手指抓著一些密碼，在他的
> 眼裡凝結成一個未回答的希望。
> 只消飛逝的一刻，勝利的笑容粉刷上他的嘴唇，
> 然後疲憊的腦袋慢慢地垂下來，
> 最後一次抱怨的嘴巴也安靜下來了。

> 然後，就在孩子入睡前，沒人注意到，
> 一隻手拿走了這本書。
> 一聲噓呀，遊戲結束，就像一個人的生命遊戲。

從表面上看，這是一首沒有靈感的詩。隱喻只是老生常談，故事緩慢而沉重。但在「最後一行」一切都發生了變化。突然間，我們意識到這首詩的所有細節都是人類生活過程的隱喻。每一行詩句必須重新解讀。生活就像一本難以理解的書；人就像一個拼命想要破解書中密碼的孩子，這是一種注定要失敗的努力；命運就像一個寬容的天父一樣，對待一個人走向生命的盡頭，讓祂的孩子在晚上入睡；孩子的入睡竟然是死亡；這首詩的開頭語──「它可能發生」獲得了諷刺的意義──不是「它可能發生」，而是「它總是在發生」。

因此，逆轉是一種凝結的技巧。許多信息被壓縮成一行。但它是一種特殊的凝結方式：它不需要簡潔。相反的，詩越長，就會有越多的信息被壓縮到最後一行。第一次閱讀時沒有正確理解細節，最後理解了。當洞明的時刻瞬間來臨，我們開始有意識地審視所有的細節，並且重新詮釋它們。

讓我指出史坦貝克的詩使用的是另一個計策，使得他的詩成為一塊寶石：翻轉喻體和喻依 (tenor and vehicle) 的角色。在整首詩中，特別是在最後一行，生活似乎就是閱讀這本書的隱喻。「遊戲結束，象徵一個人的死亡」。然而，意思恰好相反，「生命對我們來說，就像一本給無知孩子閱讀的書。」經常處在「不自覺的知道（不知而知）」，如此一路走來。

繪畫有「畫龍點睛」的一筆,這相當於詩也有讓人眼睛一亮的「詩眼」。在此我舉艾米莉的一首詩《我為美殉身》(I Died for Beauty) 來說明。

> 我為美殉身——
> 尚未適應墳墓的狹窄
> 就有一個人為真理而殉道
> 躺在隔壁的墓室
>
> 他輕聲問我,「為何陣亡?」
> 「為美」,我回答
> 「而我——為真理——真與美合一
> 所以我們是兄弟姊妹囉」,他說
>
> 於是,我們就像親人在夜晚相見
> 我們隔牆親切交談
> 直到青苔爬上我們的嘴唇
> 淹沒了——我們的名字

《我為美殉身》

　　真與美溶匯於永恆的神祕母體（大自然）,青苔是永恆神祕母體的象徵。青苔成功地溶解不同的兩個人,也溶解一切的差別!本詩最後兩行是最不可思議、最富想像力的「詩眼」!數學家與哲學家追求真,藝術家與詩人追求美,在世間可能老死不相往來,死亡讓他們毗鄰而居,回到共同的神祕母體——原來人類都是由相同的原子組成,在大自然中在共同的自然律下討生活,具有同一個母源,都是兄弟姊妹。

　　詩眼,像「颱風眼」,是詩的核心,讓整首詩逆轉,也獲得意義與美。

第 III 篇
知覺的兩個層面

我們所能體驗到的最美麗的東西就是神祕。
它是所有藝術與科學的泉源。

愛因斯坦

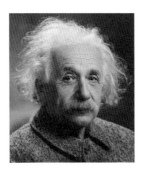

猶太裔的理論物理學家愛因斯坦 (©Wikimedia)

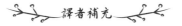

譯者補充

按本質而言,純數學是邏輯理念的一首詩。

愛因斯坦

按其自身來評價,數學是人類精神的根本解放之一,就像藝術或詩。

美國數學家 Oswald Veblen (1880–1960)

41 不知道的知道

人類使用言語只是為了掩飾他們的思想。

法國哲學家伏爾泰

什麼東西讓一個人變得美麗？其中一個重要因素是：我們必須不知道他或她為什麼漂亮。美被形容為「目眩神迷的」、「驚艷的」、「令人興奮的」──所有這些表達都證明美超乎意識的理解。我們可能會對太過雄偉的景象感到震驚，因為無法用普通的知覺來掌握。美麗的音樂作品太複雜了，以至於我們無法知道它們會發生什麼事。美隱藏在我們不完全明白的事物裡，至少是不自覺的。

這解釋了許多如此熟悉的詩特徵。它們都與詩的目的有關，在我們沒有注意的情況下，偷偷地傳遞信息。詩的外在設計是為了分散我們的注意力，以便訊息可以躲過意識雷達的追蹤。舉例來說，簡潔不過是魔術師的一種靈巧，意在欺騙我們的批判能力。詩透過外部的設計，如韻律與節奏 (rhyme and meter)，用來吸引我們的注意力以遠離內容。這好像是魔術師變魔術時施展技巧的手巾，讓外表遮蓋內部訊息：明顯的詭論隱藏著深層的真相，而口頭相似的語句可能掩蓋底層深刻的對比。

詩的重複

在非小說中，很少有瑕疵會比重複更嚴重。在一篇文章中出現兩次相同的訊息就像一件衣服上的補釘，把錯誤明顯曝光。「我已經知道了」，讓讀者覺得魔法消失了。對照起來，詩的重複卻是一種威力強大的手

段。一個著名的例子是西班牙詩人 Federico Garcia Lorca (1898–1936) 的詩，《哀悼 Ignacio Sanchez Mejias》。Mejias 是詩人的好朋友，是一位在競技場上被牛所殺的鬥牛士。在詩的每個第二行，都重複了鬥牛的時間，效果強大——這首詩的有名氣是當之無愧的。以下我們舉詩中的一段：

> 下午五點，
> 恰好在下午五點。
> 一個男孩帶來了白色的床單
> 在下午五點。
> 一堆石灰準備好了。
> 在下午五點。
> 其餘的就是死亡，只有死亡。

Federico Garcia Lorca，《哀悼 Ignacio Sanchez Mejias》，《詩選集》
譯者 Stephen Spender 與 J. L. Gili

「句首重複法」(Anaphora) 是希臘人在修辭學理論中的名稱，即在句子開頭重複著相同字的組合。句尾重複法 (epiphora) 是在句子的末尾重複，就像上面那首詩一樣。祕密就在於外部和內部之間的張力。雖然在表面上事情重複，但內部卻有變化。例如，在《哀悼 Ignacio Sanchez Mejias》中，當字詞在慢步推進時，內容逐漸朝著高潮發展，每一行的張力都在增加。重複的話語也傳達了另一種含義：它們就像一把鐵錘敲在哀悼者的頭上，逼著他面對他多麼希望否認的事實。

詩的重複具有麻醉的效果。當我們第二次聽到一個表達時，我們被誤導去相信沒有必要再次解讀。當它第三次出現時，它已經完全避開了意識的關注。因此，這首詩達到了魔術般的效果：轉移注意力。

兩個周知的詩形式之重複，聲音的韻律 (rhyme) 與節奏 (meter) 之間非常相似。聲音的重複讓我們感到窒息，而且外部語句的相似性也讓我們期待著意義會一樣。因此，這首詩可以讓訊息潛入意識底下，觸摸著讀者，同時避免引起他感覺到被觸摸。

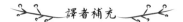
譯者補充

美國－英國詩人艾略特 (T. S. Eliot) 在《四首四重奏》中表達著禪味和神祕主義風味的詩：

> 為了要抵達你無所不知的境地
> 你必須走一條無知之路。
> 為了要擁有你不曾擁有的一切
> 你必須要置之空無的境地。
> 為了要抵達不是你所在之地
> 你必須走過非你所走之路。
> 你不知道的才是你唯一知道的
> 而你的擁有正是你的沒有
> 你的所在就是你的所不在。

這頗有哲學家蘇格拉底的風格，蘇宣稱他的智慧就是因為「我只知道我一無所知」(I only know that I know nothing.)。

42 內容與外殼

為何寫詩？

> 這是一首關於人們的詩；
> 他們的所思與他們的所要
> 還有他們認為的他們的所要。
> 除此之外，世界上沒有很多事情
> 是我們應該要關切的。
>
> Nathan Zach，《詩的導論》，取自《其他詩》

詩是必要的，而不是奢侈品。詩存在於每個社會，有歷史文件為證，詩在日常生活中也扮演一個角色，不論你察覺或未察覺。即便是最平凡的流行歌曲也含有一個詩的核心；我們的日常交流充滿了隱喻和符號；在道路張貼的憤怒詛咒甚至也可以找到詩。為什麼會這樣呢？從表面上看，詩似乎並沒有傳遞任何訊息，而且常常不被理解，為什麼我們需要這種奇怪形式的交流呢？它在我們的生活中占有什麼地位呢？

本章將給出一個周知的答案：詩為我們內在的自我打開了一扇窗。它讓我們能夠觸及內心深處。這個答案是基於賽姬（psyche，靈魂、精神）的一個圖像：賽姬是由內在部分與外殼組成的。介於內在精神力量與外在現實之間，賽姬具有一層薄殼的邏輯。這個薄殼對於處理這個世界的事情至關重要，但詩也有它的代價：就像每個調解者一樣，它會創造出一個區隔，形成直接進入心靈內部的一個障礙。拒絕內在真相自然會產生渴望。結果是，人總是在尋找愚弄邏輯的方法，以便

重新與他的內心連結。詩與一般藝術都是在實現這個目標的手段之一。
如果只為飛逝瞬間的話，他們可以欺騙外殼。詩教導一個人，他的內
心世界並不比外在世界不重要。這有助於他跳過他心中想要的，到達
他真正要到的東西。

詩的分離

當你出發回伊薩卡時
希望航程是漫長的
Constantine Cavafy，《伊薩卡》，譯者 Edmund Keeley 與 Philip Sherrard

譯者註

荷馬的史詩《奧德賽》(Odyssey) 描寫希臘聯軍攻陷特洛伊 (Troy) 之後，奧底修
斯 (Odysseus) 搭船返回故鄉伊薩卡（Ithaka，有譯為伊色佳），經歷 10 年漂泊的
冒險故事。

為了穿透我們的盔甲，詩蠱惑了我們。它引導讀者注意外部的要素，
是為了方便於進入內部。本書中描述的所有詩的設計都是為了實現這
一目標。所有這些都在表面與裡面之間創造了一個間隙。看似不可調
和的對比卻隱藏著內在的邏輯；看似不可能的組合卻包含著真理；隱
喻分散了人們對真實意義的注意力——所有這些都為讀者提供了一個
浮在水面上的救生圈，以便他在他的另一部分潛入深處時抓住。

人類的賽姬以各種方式附著在世界上的事物，但每一種都可以分
離。當外部的附著被切斷時，騰出空間來就可以進行更深刻的連結。
我想在這裡講述一種類型的分離，詩特別迷戀於：意圖或意志的分離。

意志可能是人類對世界最強烈的分離點，因此它的分離具有特別強烈的作用。本章開頭引用的 Nathan Zach 的詩對外在的慾望持懷疑態度，它試圖向內心展示它真正的渴望（這是第二次的引用，但跟第 1 章的引用具有不同的目的）。這首詩表明了這種分離。這些詩行說，慢慢走，停下片刻——不就是你想像著，在內心深處想著你真正想要的東西嗎？

一個古典的例子可以在詩藝之詩 (ars poetica poems) 中找到。正如我已經提到的，這些詩經常宣稱詩人不會控制他寫的東西。這個主張在 Hayyim Nahman Bialik 的《在我死後》中呈現出一種特別奇怪的形式。不僅關於他為什麼要寫詩，而且也關於他為什麼不寫詩，在詩人意識中的「我」不是指控者。

> 我死後以這種方式哀悼我：
> 「有一個男人——看到他時：已經不在人世；
> 在此之前，這個男人已經死了
> 他的生命之歌在酒吧中場已停唱；
> 哦，太傷心了！他還有一首歌，
> 而今這首歌已經消失了，
> 已經消失了！」
>
> Hayyim Nahman Bialik，《在我死後》，英譯自網站 oldpoetry.com

Bialik 仍然還活著，預言他永遠不會唱他的真歌，好像這完全不依賴於他的意志。他在這首詩的延續中解釋道，他的真歌在他內心被摧毀了，而他沒有企圖心，也無法控制這一點。

詩的正義

> 歷史描述已經發生的事情，
> 詩述說著必須發生的事情。
> 古希臘哲學家亞里斯多德（Aristotle，西元前 384–前 322）

語言就含有智慧。語言吸納著並且表達著隱蔽過程與隱藏的思想結構。在詩中，用來扮演意圖分離的角色的，有一個表達句已經在所有語言中生根，那就是：「詩的正義」。它是由莎士比亞當代的英國評論家萊默 (Thomas Rymer) 創造的。詩的正義是從空無中出現，當作遠離罪惡的報償，但仍然是適合的。就像在詩中，從表面上看來，在行為與懲罰之間似乎存在著斷裂。在背後隱藏的真相被揭露時，最佳的情況是，詩的正義是來自於人的內在性格。

　　最近有一個例子是福克蘭群島的戰爭。在 1970 年代，阿根廷的一個軍政府奪得政權，10 年來他們犯下了殘暴的罪行。成千上萬的人在酷刑室裡消失，數百人從飛機上被投擲到大海中。沒有任何力量能夠抵抗執政的軍政府。接著在 1982 年，執政的將軍做出更愚蠢的行為：他們去侵占且控制英國擁有主權的福克蘭群島，這是在大西洋南部的島嶼，是個多風且微不足道的地方。英國在首相柴契爾夫人 (Margaret Thatcher) 的領導下發動戰爭並且擊敗阿根廷。戰爭僅限於這些島嶼，並沒有波及數千公里外的阿根廷本土大陸。儘管如此，在戰爭後的短時間內，將軍的統治以一種莫名其妙的方式解體，然後被民主所取代。對將軍們來說，軍事本來應該是他們的最強項，但一場境外戰爭卻導致他們內部的崩潰。無論如何，民眾反對軍政府而無法達成目標，卻

經由一場無意義的戰爭來完成。正義並不是從某些外部的威力來達成，也跟行動不直接相關，但是其中含有真相。

「詩的正義」這個名稱，從何而來？它之所以這樣說，是因為類似於詩中發生的事情也在其它地方發生：隱蔽的地下連結比可見的部分更為重要。正如英國詩人雪萊所說的，在第 1 章開頭所引用的文句，詩發現了事物之間的內在相似性（類推），但從表面上看，它們是不同的。

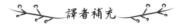
譯者補充

1. 波蘭數學家巴那赫 (Stefan Banach, 1892–1945) 說：

一位數學家能夠在諸定理之間找到類推；更好的數學家能夠在諸證明之間找到類推；最好的數學家能夠在諸理論之間找到類推；我們可以想像得到，終極好的數學家能夠在諸類推之間找到類推。

2. 古希臘的柏拉圖 （Plato，西元前 427–前 347） 是一位偉大的哲學家，英國哲學家兼數學家懷海德（羅素的老師）說：「兩千多年來的西方哲學只是在為柏拉圖的哲學作註腳而已。」柏拉圖在青年時代也是一位詩人，他寫了一些美妙的詩，他稱讚說：「詩人鼓著想像力的羽翼，驅動著熱情，吹徹鄉愁的橫笛。」但是他晚年寫《理想國》時，基於他的哲學，卻要把詩人趕出他的「理想國」，為什麼？首先，這多少是受到其師蘇格拉底的影響，蘇格拉底認為詩不足以承載真理，因為一首詩，每個人解讀的意思都不同，同一個人在不同的時間讀起來也可能不同。其次，柏拉圖的哲學把世界分成兩個：現實世界與理念世界。例如，現實世界中的「這隻牛」是短暫的存在，會腐朽的，所以是虛幻的；而在理念世界中「牛的理念」是完美的，永恆不朽的，真理在此中。現實世界只是理念世界的不完美抄本。詩人描寫的是現實世界，所以詩是理念世界的抄本再抄本，跟真理隔著兩層。因此，柏拉圖要把詩人趕出他的「理想國」。一個有趣的對照，目前北歐的冰島這個小國，將詩人視為國

之第一等人。

3. 亞里斯多德是柏拉圖的學生，他的哲學觀點正好跟柏拉圖相反，他認為現實世界才是真實的，理念世界是其抽象抄本。因此亞氏說：「在所有自然事物中都有一些奇妙的東西。」(There is something marvelous in all natural things.) 他又說：「吾愛吾師吾更愛真理。」(Plato is dear to me, but dearer still is truth.)

4. 亞里斯多德說：「詩比歷史更真實。」詩比歷史更真實，因為詩涉及共相，歷史只論及殊相。在他的《詩學》(Poetics) 中，他寫道：

「歷史學家描寫已發生之事，詩人則描寫某種可能發生之事，所以，詩比歷史更富有哲學性與深刻意涵，因為詩陳述的本質具有普遍性，歷史則是個別性的。」

43 改變

每一個波浪的美麗
都歸功於前浪的隱退。

紀德 (Andre Gide, 1869–1951)

詩的一個眾所周知的面向是,它將內在力量和深層慾望連結在一起。較少為人知的是,更具顛覆性的是另一個目標:改變 (change)。藝術的一個角色是實現如此渴望又如此困難的目標:志在變化或改變。

為了說明藝術如何做到這一點,我從一個有點平淡無奇的例子談起:穿鞋子的動作。一個人試圖將他的腳放入有點狹窄的鞋子中,他會隨機地以這種或那種方式搖動他的腳,並且沒有任何特定的方向。令人驚訝的是,這通常會有效,讓鞋子就穿上了。這是令人驚訝的,因為我們不清楚腳的隨機搖動是如何產生效果的。沒有人會將碗中隨機成分的食物混合在一起,希望變成一盤美味的佳餚,或者當他想要從 A 點到達 B 點時,讓他的雙腳漫無目的地引導他走動。為什麼鞋子會起作用?答案是搖動會避免被卡住,即從不是所要的局部平衡點脫離。在腳進入鞋子時,半路上容易產生局部穩定狀態,即難以退出但仍然不是所要的目標(即腳完全進入鞋子中)。這就像一個尋找最深谷的人,在到達一個淺谷時,他甚至可能不知道他是否已經到達目的地。

如果我們的探險家想要到達所要的最低山谷,他必須遠離這個臨時的靜止點(用數學術語來說這是局部極小的山谷)。此時隨機搖動就有好處了。這個想法就是數學中尋找函數最小值的方法。每經過一段時間就會引入隨機搖動以逃離局部極小的山谷。

在生活中，就像在數學中一樣，有時需要一個好的搖動來解決問題。任何經歷過危機的人都知道它如何成為變革的推動力。舊的行為模式突然變得無效時，一個人必須退回到自己內部以激發新的力量，再回到外在世界時，他通常就會採用新的、更好的行為策略。

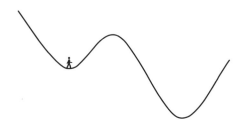

正在尋找最低點的人所面臨的危險：當他到達一個山谷時，他可能會被卡住，而不是爬出現在的山谷，以尋找更深的山谷。在生活中亦然，解決局部問題從整體觀點來看可能是無效的。

但危機索取很高的代價，並且是一個經常無法支付的代價。這就是為什麼人類發明一些方法來實現輕微的改變，只是把對世界的依附作輕微而不明確地鬆綁。雖然效果並非立竿見影，但即使是微小的改變也是有價值的。藝術是誘發這種搖動調整的方法之一。讓頭腦向世界發出許多微妙的觸鬚，去抓住想法、物體或人物。即使是在飛逝的瞬間，藝術也能把抓住事物的一個觸鬚除去。在這一瞬間，投入外在世界的能量被分離，並且撤退回到內部。重新連接後，可以用新的形式來重建事物。從新的角度來表現某個對象的一幅圖畫，將音樂中聲音的重組，或對詩非慣性的思想安排，這些都可消除現有的觀點，使我們意識到跟世界有其它可能的新連結方式。

超脫與創造力

當愛因斯坦被問到他是如何得到他的發現時，他回答說：「我挑戰公設。」他所說的是哪個公設並不完全清楚，因為他否定了許多公設，但他很可能是指這個公設：測量的結果跟測量者和測量物之間的速度無關。在相對論中，測量物體的量，例如長度，測量的結果要取決於測量者相對於測量物之間的速度。愛因斯坦說，為了發現新的東西，必須放棄舊的觀念。有時，要發現的並不是創造一個新想法，而是放棄一個舊想法。像愛因斯坦這樣的天才人物，在沒有任何外部刺激的情況下，就能夠跳脫舊有的想法。而我們大多數人卻需要來自外界的震盪才能辦到。

面對任何事物，創造力意味著願意放棄習慣性的思維模式 (habitual thought patterns)。這就是為什麼創造力如此接近於幽默的原因。幽默只是讓自己跳脫習慣事物的能力。創造力跟幽默一樣，都是要求不要過於嚴肅地守著習慣性的思維，改採非習慣性的思維 (non-habitual way of thinking)。

認識你自己

> 對於童年
> 不成長，不，永遠不。
> 它層層覆蓋，如厚厚的貝殼。
> Shulamit Hareven，《在海洋區的諾亞》，《分隔的地方》

在我們這個對於心理學精明的時代，改變需要自我理解，這幾乎是陳腔濫調。為了改變行為的模式，一個人必須先認識到它。更鮮為人知

的是，事實恰恰相反，甚至可能更應該是：為了理解自己，一個人必須先求改變自己。如果你沉浸在其中已經到達脖子的部位，那你很難意識到你的行為模式。你首先要在某種程度上放棄它，原因在於，深刻的人格特質與拒絕改變是綁在一起走向世界的。我們不想知道可以採取其它行動，人格會自動築起障礙，反對改變。

這表示震盪重組 (shake up) 不僅是改變的工具，也可獲得洞察力。震盪導致撤退回到內心，這又導致自我省察。「沒有經過省察的生活確實是不值得活的」(The unexamined life is, indeed, not worth living.)，這是蘇格拉底（Socrates，約西元前 470–前 399）有點誇張的口號。自從古希臘時代以降，藝術被認為是超快速的自我觀察之一。例如，悲劇使觀眾有機會紓發自己的情感，從而透過身分認同與它們連結，而不必在自己的生活中親歷悲劇。

⟞⟞ 譯者註 ⟝⟝

蘇格拉底、柏拉圖與亞里斯多德是古希臘三位偉大哲學家，也是美妙的師徒關係。蘇格拉底問：什麼是美好的生活？他只提出上述消極的回答。兩千多年後，羅素提出一個積極的回答：「美好生活是由愛所激發並且由知識所引導的生活 (A good life is one inspired by love and guided by knowledge.)」。

蘇格拉底之前的哲學家聚焦在遙遠的天文學、宇宙論，蘇格拉底開始關切人間的問題，他說：「我只知道我什麼都不知道。」(The only thing I know is that I know nothing.) 他也強調「生活要低，思想要高。真理是靈魂最好的食物」、「認識你自己」與「提好問題的藝術」(The art of asking good questions)，這些使得後人稱讚蘇格拉底說：「他讓哲學從天上滑落到人間。(Philosophy came down from Heaven to Earth.)」因而後人尊稱他為「哲學之父」。

44 隔離

不是我的

> 那些都不是我的。我注視著它
> 驚訝。是誰，從哪裡來，那一切？
>
> 我不知道。繼承？沒有親戚或
> 熟人留給我任何東西。現在怎麼辦？
>
> 我要離開這個地方嗎？如果不是這樣的話
> 我的，也許我會離開這個地方。等等？
>
> 我不相信這個問題是可信的
> 我驚訝地看著自己。
>
> Nathan Zach，《驚喜》,《其他詩》
譯者 Yoseph Milman

科學是跳躍式的進展。每隔 10 年或 20 年，幾乎在每個領域都會發生重大的科學革命。任何曾經看過燕群飛行的人都知道我在說什麼：當領頭燕突然轉變方向時，整群燕兒也跟隨領導者改變方向。這種「量子跳躍」產生自物理學：發明一個新方法或一個新概念，整個科學界的能量就轉移到那個新的方向。人文學科的進展似乎完全不同。跳躍式的進展是罕見的，進步更像是一條漫長而寬闊的河流。但是也有例外，在人文學科中當然也會出現重大的發現。這裡有一個例子，俄羅斯的藝術學者 Viktor Shklovsky (1893–1984) 在 1920 年代發現一個概

念，並且他命名為「隔離」(estrangement)。

Shklovsky 是戲劇評論家，也是詩人 Anna Akhmatova 與 Osip Mandelshtam 的親近朋友。在某些方面，他是一個幸運的人，因為，與他周圍的大多數人不同的是，他並沒有受到史達林恐怖主義 (Stalinist terror) 的直接影響，他和他的家人奇蹟般地逃脫了頻繁的清算鬥爭。他所創造的「隔離」一詞來自「新奇」，意味著將事物置於陌生與新的情境，以恢復原始的新鮮感。Shklovsky 認為，隨著歲月的流逝，我們的感官變得遲鈍（習以為常），它們需要搖動改變一下才能使它們恢復活力。他又說，藝術的功能是，讓一個住在海邊的人能夠重新聽到他早已習以為常的波濤聲。

隔離是一種類型的震盪。除了其它藝術震盪之外，它的特殊之處在於我們對它的認識。在大多數藝術體驗中，一個人忘記了自己。觀看電影的人通常會被情節所吸引，而一個聽交響樂的人會忘記外面的世界。隔離恰恰相反，它在觀眾面前放置了一面鏡子，使他「驚訝地看著自己」。結果產生異化的衝擊，以及意識對習慣反應的覺醒。就像法國作家莫里哀 (Moliere, 1622–1673) 筆下的資產階級紳士英雄 Jordan 先生的驚訝一樣，他突然意識到他一生都在講散文。

隔離的經歷往往伴隨著快樂。我們暫時不再是習慣的奴隸，而成為它的主人。一個著名的例子是，我們從發現字詞的起源中獲得樂趣。發現這三個字：「收音機 (radio)」，「散熱器 (radiator)」 和 「半徑 (radius)」（由圓心放射出來），都來自希臘語的 "radia"，意思是「光線 (beam)」，於是整個連貫起來。你突然變成主人，而不是它們的奴隸，並享受著自由的樂趣。實際上，Shklovsky 用隔離來表達「去自動化」。

隔離是現代藝術的特徵。畢卡索 (Picaso, 1881–1973) 的畫作帶著變形的臉孔，讓我們重新思考我們對周遭環境的看法。斯特拉文斯基

(Stravinsky, 1882–1971) 震驚了 20 世紀初聽眾的耳朵，讓人們停下來思考什麼是音樂以及聲音在他們生活中的作用。德國戲劇家兼詩人布萊希特 (Bertolt Brecht, 1898–1965) 宣稱戲劇的一個目標就是，讓人們站在一個距離並意識到他們正在觀看戲劇，而不是處在現實生活中。這些都是明顯的案例，但即使隔離不是那麼明顯，它總是在那裡，在所有藝術中，只要被帶離日常生活的場景，隔離都可以發生在博物館或音樂廳中。

譯者註

「小別勝新婚」，這也是「隔離」產生的效果。

跳脫習慣之路

跳脫習慣之路對於解決許多數學問題至關重要。除了我們已經遇到過的例子之外，這裡還有一些例子。

1. 用 3 條直線（即切 3 刀）是否可將一個圓形蛋糕切成 8 塊？
2. 用 6 根火柴棒可否排成 4 個三角形？
3. 在下圖中，9 個點排成正方形，用 5 條線段形成的折線（一筆劃）通過各點。用 4 條線段形成的折線也可以做到嗎？

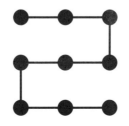

4. 一位病人必須每天服用一粒 A 型藥丸和一粒 B 型藥丸，兩種藥各一個瓶子裝。有一天，兩瓶都只剩下兩粒藥丸。災難來襲，瓶子掉下來並且都破裂了，藥丸混合了。不幸的是，這兩種藥丸外表看起來都一樣，病人無法區分它們。問病人要如何正確吃藥？

習慣性思考 (habitual way of thinking) 是解決這些問題的障礙。第一個問題很難，因為我們習慣於切披薩餅，切 3 刀的直線，分為 6 個小塊，而不是 8 小塊。但是這裡有一個重要區別：披薩很薄，而蛋糕還有另一維的厚度可以切。如果我們考慮第三個維度，那麼解決方案就很容易：先垂直切割兩刀將其分成 4 個塊，像切披薩一樣；然後在垂直於縱軸的厚度上再切割一刀。

對於第二個問題，我們也必須克服習慣性思考：我們習慣於二維火柴棒的謎題，其中火柴棒排在平面上。一旦我們放棄這個假設，允許火柴棒排在三維空間時，解決方案就很簡單。自己嘗試求解吧。

第三個問題的困難是我們習慣於假設線段必須畫在正方形內。如果我們允許它超出正方形，那麼解決方案就非常簡單。下圖就是答案：

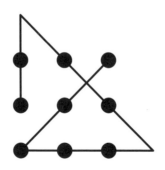

　　至於第四個問題，這裡有一個提示：沒有必要服用整粒藥，可以把它們等分成幾個小塊！又若任意取兩顆藥來吃，正確吃藥的機率是多少？

譯者註

創造的兩難 (dilemma) 是：生活需要走習慣之路 (habitual way)，否則無法生存。但是創造需要走非習慣之路 (non-habitual way)，否則無法創造。這種 "to be or not to be" 的問題必須克服，並且適度調合。

> 詩人與「無」搏鬥，
> 奮力從「無」中生出「有」；
> 詩人叩敲沉寂，
> 傾聽一個回音；
> 詩人投身於混沌，
> 捕捉秩序與美；
> 對無意義作無盡的追逐，
> 直到它產生意義為止。
>
> 《有與無》

45 無盡的相遇

> 不要擔心人們竊取你的想法。如果你的想法
> 足夠好，你必須讓它們經過人們的喉嚨碰撞。
>
> IBM 的工程師與發明家 Howard Aiken

永遠無法完全跨過的橋

科學發現的狂喜很少有感覺可以跟它相提並論。突然之間，各種例子、部分的結果、在半途中提出的假設，這一切都在瞬間正確歸位。至少在過程中的某個時候，世界似乎正在按照你的想法前進。我們只能想像克里克與華生 (Francis Crick and James Watson) 在 1953 年洞悟出 DNA 的雙螺旋結構 (double helix) 時，那種神采飛揚的景象。如何在一瞬間，把辛苦收集到的所有事實整合成為一個理氣連貫的整體。也許只能像阿基米德那樣，衝到大街上去裸體狂奔，大喊著：Eureka! Eureka!（我發現了！我發現了！）

　　大放光明的悟道時刻應該是短暫的。它是從不理解狀態轉變成理解狀態，這只能發生一次。但事實並非如此，就美而言，這一刻永遠持續著，是一種無盡的相遇。隨著時間的推移，發現的喜悅仍然存在，無論是發現者或學習者。這是因為轉變從未完全結束，事情從未完全被理解。認知始終保持在理解與不完全理解這兩個層面上，同時伴隨著對理念之美的驚奇。

譯者註

對於發現或悟道的喜悅，法國數學家 André Weil (1906–1998) 這樣說：「每一位真正的數學家都曾有過一種澄澈的狂喜，陣陣的歡欣，一波接著一波，像奇蹟般地產生。這種感覺可能延續幾小時，甚至幾天。一經體驗過這種神采飛揚的純喜，你就會熱切期待再次得到它，但這無法隨心所欲，你必須透過頑強的、辛苦的工作才能得到。」

　　把這種情況跟人類思想的另一種產物──「笑話 (joke)」──作比較是有趣的，令人驚訝的轉移都起著重要作用。但情況正好相反：一個笑話就像一根燃燒的火柴。它沒有持續的奇蹟和美感，而是留下一種內心釋放的感覺，在第一次聽到之後，它就不再有趣了。這是因為在笑話中，已經完全過橋了。此外，在過橋後，橋已被拆除。聽到笑話後，你已到達河的另一岸，不能再回頭走了。當我們意識到笑話只是誘餌，最後得到美妙的心靈釋放後，就無味而要拋棄了。

　　數學和詩的轉折點並不是透視的徹底改變。我們總是在河岸的兩邊各踩一隻腳。這樣做的原因是一個新的主意需要發現者及學習者，在他的大腦中建立一個複雜的結構，並且結構不是立即建立起來的。通常，它們以胚胎的形式持續很長時間。因此，即使他們看似已知，但事情仍然令人驚訝。世界上的秩序太複雜，無法完全理解，接收者知道地平線之外還存在著更深層次的秩序。這就好像他發現的只是岩石表面上的金色痕跡，而地球的深處還存在著更豐富的礦脈。

數學家和詩人真的一樣嗎？

在我們的旅程中，我們遇到了數學和詩之間的許多相似點。但是，數

學家和詩人之間的任何比較都有一個地方不同：即他們的工作方式。打開數學家的辦公室與詩人閣樓的窗口，看看他們是如何工作的。對於數學家來說，我們可以看到不止一種的工作方式。有些數學家獨自工作，而有些人則需要與某人交談才能更好地思考。在他的職業生涯中，數學家的工作方式當然會發生變化，但通常是團隊合作的方式。隨著歲月的流逝，研究人員之間會建立科學聯結，並且跟同事或學生一起工作。有些人隨著時間的推移，發現共同合作帶來的快樂與科學發現相當。一個常見的發展過程是，一個人在年輕的時候，獨自從事他（或她）自己的研究工作，在這個階段做出最重要的發現，隨著他或她漸變老，他更喜歡與他人合作。無論如何，今日數學界所出版的大部分文章（在自然科學中更是如此）都不止是一個作者，也就是說，它們是聯合工作的結果。相比之下，若一首詩是集體創作出來的，這聽起來一定會很荒謬。如果這真的存在，那麼它無疑像一隻雲雀寫出來的。

數學家和詩人之間還有一個區別。我將向你揭開這個祕密，一個可能隱藏在公眾面前的祕密，但是數學家的家人都知道：不論他是自己工作還是與其他研究人員一起工作，大多數時候數學家都盯著天空。他試圖在自己的腦海中為自己畫圖、檢查個案、形塑假設。他還會讀其他數學家的論文。詩人不參與這些事情，不閱讀別人的作品以獲得靈感（如果他這樣做，顯然就會被發現）。他沒有投入精力去考察特殊案例。在我看來，他的凝視力不那麼強烈，他的工作就像在夢中一樣。

所有這一切都源於一個基本的差別：數學家試圖發現世界上某些未知的東西，而詩人的目標則是潛入他（或她）自己的內心世界。發現世界中的秩序可以透過跟其他人的對話來完成，也可以經由別人想法的幫助，但是只有個人才能鑽入他自己的內在靈魂。

分裂知覺在詩與數學中所扮演的角色

關於知覺的兩個層面還有另一個相異之處。在詩中，分裂知覺是絕對必要的。它使詩人能夠潛入自己，並且繞過批判性思維的障礙。間接陳述的機制是一種武器，可用來穿透圍繞心靈邏輯的外殼。換句話說，在詩中分裂知覺是目標，而詩的設計要旨都是產生詩的手段。

在數學中它是一個不同的故事。分裂知覺並不是目標，而是副產品。它本身不是獨立的角色，而是發現過程的結果。魔法感只有在消化新觀念的困難之下產生。如前所述，美引起數學家的動機，但不是主要的目標。

深度

> 寫詩也許，畢竟，很好。
> 你坐在你的房間裡，牆壁長高了。
> 顏色加深。
> 藍色的頭巾也會變成深井。
>
> Dalia Ravikovitch，《當然你記得》，《窗口》
> 譯者 Chana Bloch 與 Ariel Bloch

但這不是全部的故事。如果是的話，那麼數學家就不需要在他的身上擁有一些詩人的氣質。詩人與數學家還有另一種更為本質的相似之處：兩者都在尋求深度 (depth)，一個在生活方面，另一個在物質世界。兩者都在尋求隱藏的模式，為達此目的都要採用非習慣性的思維方法。一個新的發現需要暫時忽視純粹的邏輯，然後進入無意識的深處，從那裡描繪出奇怪的與美麗的新想法。在詩中亦然，分裂知覺不僅僅是

一種手段,也是非習慣性思維的結果。數學魔法跟詩意魔法一樣,都是通過意想不到的思維跳躍產生的,而且是來自無意識的思想,就像「藍色的頭巾也會變成深井」。這就是美麗的數學發現和美麗的詩被收割下來的真相。任何能夠有這種想法的人都可以成為一個完美的數學家或一位完美的詩人。

譯者註

俄國數學家維連金 (N. Ia. Vilenkin, 1920–1991) 的名言:

「有一位 " 棋藝 " 大師曾經這樣說, " 棋藝 " 的初學者與大師的區別,在於初學者對於所有事情在心中都有清晰而固定的模式,但是對於大師來說任何事情都是神祕的。」把「棋藝」改為變數 x,然後將 x 代入琴藝、詩、藝術、數學、物理、……都可以行得通,這是代數學的初步。

大道無門,千差有路,透得此關,乾坤獨步。

(The great path has no gates
Thousands of roads enter it.
When one passes through this gateless gate
He walks freely between heaven and earth.)

《眾妙之門》(The Gate of all Wonders)

附錄 $\mathcal{A}$：數學領域

代數學

代數是印度人發明的，後來傳到阿拉伯。再透過花拉子密的書 *Al-Jabar* 傳到西方，此字的意思是「還原術 (restoration)」。這是指一種常見的解方程式的方法，對等式的兩邊作相同的運算，等式保持不變，直到求得答案為止。代數學的主要想法是用字母來代替數。這在兩種情況下很有用：當我們想談論一般數時（在這種情況下，字母叫做「變數 (variable)」），當給一些線索時，我們想找到一個未知的數（在這種情況下，字母叫做「未知數 (unknown)」）。「代數」一詞的意義在 19 世紀發生了重大變化，變成是研究運算的學問，就像數的四則運算一樣，但是更一般且更抽象。一個集合的元素只帶有一個最基本運算結構的例子就是「群 (group)」，最簡單的例子是帶有加法的整數集。群的元素可以是數，也可以是更抽象的東西，例如一個「變換 (transformation)」。

組合學或離散數學

組合學 (Combinatorics) 或離散數學 (Discrete Mathematics) 所要探討的是，按給定條件定義出一個有限集合，要點算 (count) 這個集合的元素個數。我們從古典組合學裡舉一個例子：從 100 人的團體中，任意挑選 4 個人來當委員，總共有多少種挑選法？「離散」與「連續」是對立的，離散數學處理的問題具有整數答案，連續數學處理連續變量的問題。電腦的行為是離散的，一個元件可以是有作用的或無作用的，沒

有中間的可能性，並且用數字 0 或 1 來代表，沒有第三種可能性。因此，研究電腦的行為需要採用離散數學。基於這個原因，離散數學在最近半個世紀以來蓬勃地發展。

微積分：微分學與積分學

微積分（Calculus，即 Differential Calculus 與 Integral Calculus 的合稱）是數學的一個分支，處理的是極限問題，特別是趨近於零或無窮大的概念。所以，特別是它涉及的數是「無限小量」（infinitesimal，意思是不等於 0 且要多小就有多小），因此它也被稱為「無窮小量的」。這個領域的種子是求面積與求切線。在 17 世紀，微積分開始旭日東昇，因為它在物理學中非常有用，特別是對於運動現象的研究，其中最著名的數學家是費馬、巴羅、牛頓以及萊布尼茲。微分研究連續的變化現象，從大域 (global) 到局部 (local) 的行為，例如在整體運動之下，計算物體在某時刻的速度。積分研究的是另一個方向的問題，從局部到大域，由物體在每一瞬的速度，求物體在一個時段運動所走的距離。

微積分創立後，約兩百年以來，數學家採用直觀的方式來處理趨近於零與無窮大的問題。在 19 世紀它需要精確的定義。法國和德國數學家柯西、黎曼、康拓與魏爾斯特拉斯等人接續了這件工作。他們排除了「無限小量」的概念，改用嚴格的極限 (limit) 概念（ε-δ 定式），並且建構出實數系，證明它的完備性。從此，微積分的基礎就鞏固了（1880 年左右）。

數理邏輯

數理邏輯 (Mathematical Logic) 是「數學中的數學」，即用數學來研究數學家在做什麼。這個領域開始於亞里斯多德，他提出一些思想的基

本法則，並且定義什麼是邏輯推理。到了 19 世紀末期，數理邏輯再次發榮滋長，隨著時間的推移，弗列格認為數學證明是一種可以用機械化來玩的遊戲（用現代術語來說──即透過電腦）。哥德爾在 1931 年證明了一個深刻的「不完備性定理」，導致數學一個深遠的革命。例如，沒有「合理的」一組數論的公理系統，可以證明關於數的所有真敘述，並且儘管電腦可以辨識一個證明的對錯，但是在數論中，沒有一個電腦程式能夠證明所有可以證明的敘述。

數論

數論 (Number Theory) 是最古老且最深刻的數學領域之一。它所研究的對象是自然數 {1, 2, 3, …}。從表面上看來，它似乎很簡單，但實際上是深奧的，它的研究引領了整個數學領域的發展，例如代數學。

～⋙譯者註⋘～

高斯被尊稱為「數學王子」，是公認有史以來最偉大的三位數學家之一，另兩位是阿基米德與牛頓。高斯說：

1. 數學是科學的女王，而數論是數學的女王。
2. 數學家都站在彼此的肩膀上。
3. 給予我最大享受的，不是已知的真理，而是研究的行動；不是擁有真理，而是到達真理的過程。
4. 高斯的座右銘：大自然，妳是我的女神，我為妳的律法而獻身（引自莎士比亞的《李爾王》）。

集合論

集合論 (Set Theory) 的基本概念非常簡單——元素與集合，元素屬於集合。有窮集的研究屬於組合學家的工作（見上述），而集合論的核心研究對象是無窮集。它主要的一個主題是研究集合的基數（cardinal number，即元素的多寡）。集合論的創始人康拓證明：即使在無窮集的領域，也可能有不同的基數——即有很大的無窮集，並且還有更大的集合。

拓撲學

拓撲學（Topology，又叫做位相幾何學）是一門幾何學，但是不涉及距離的度量。如果你拿一個橡膠板，並在某個方向連續地拉伸或壓縮它的一部分，但不能切割或扯斷，那麼對於拓撲學家來說，橡膠板仍然相同。拓撲學關心的是，橡膠板中孔洞的數量，這不會隨著連續地拉伸和壓縮而改變。

譯者註

美國拓撲學家凱利說：

> 在數學中，光是讀文字是不夠的，你必須要聽到其中的音樂。

(In mathematics it is not enough to read the words—you've got to hear the music.)

這跟德國偉大數學家克萊因 (F. Klein, 1849–1925) 所說的話，是異曲同工：

> 傾聽公式的音樂，你才能談論其它事情。公式只是沉默，並非沉睡。

附錄 B：數的集合

自然數

自然數 (Natural numbers) 是指 0, 1, 2, 3, … 這些數，它們確實是名符其實的自然，整個合起來成為一個集合，叫做**自然數系**，記成

$$\mathbb{N} = \{0, 1, 2, 3, 4, 5, \cdots\}$$

數學的主要工作是，進行思考過程並且對其作抽象化，在這種情況下，抽象化是數學的最基本精神：即抓住本質並且將考慮的對象作分類。當同一類離散的物品重複出現時，我們就開始對它們做點算 (count)：「1 個蘋果、2 個蘋果、3 個蘋果，……」。數 0 較晚出現，它是印度人在 7 世紀發明的，首先傳到阿拉伯，然後在 12 世紀時，再從阿拉伯傳到歐洲。歐洲人稱為「阿拉伯數字」，更正確應該說成「印度–阿拉伯數字」。

譯者註

多數的書，自然數不包括 0。德國數學家 Leopold Kronecker 說：「自然數是神造的，其餘都是人造的。」法國偉大數學家 Alexander Grothendieck 說：「有兩樣東西是不顯然的，**零的概念以及從未知的黑暗中帶出新觀念**。」把「有東西」視為一個數很容易，但要把「沒有東西的空無」視為一個數就不簡單。因為印度的哲學與佛教有空無的概念，所以較容易出現零的概念，再創造記號 0 來表現就順理成章。

整數

將自然數系 N 加上負整數 ： $-1, -2, -3, \cdots$ ，所有這些數合成整數 (integers)。所有整數的集合叫做整數系，記為

$$\mathbb{Z} = \{ \cdots, -3, -2, -1, 0, 1, 2, 3, \cdots \}$$

歷史上，人們要接受負數比接受 0 更困難。直到 16 世紀時，它們在歐洲才獲得合法性的承認。

譯者註

引進負數後，產生兩個重要問題：負負得正的問題，以及「$1:-1=-1:1$」的質疑。後者看起來是：「大：小 = 小：大」，違背了常識概念，其實不然。

有理數

這些數的另一個名字叫做「分數」。若一個數可以表為兩個整數的商，就叫做**有理數** (rational numbers)，其中除數不能等於 0。例如，$\frac{7}{3}$ 或 $\frac{-2}{5}$。有理數系記為

$$\mathbb{Q} = \{ \frac{n}{m} \mid m, n \in \mathbb{Z}, m \neq 0 \}$$

正的有理數比負整數更早來到這個世界，因為它們非常自然地出現：即使是古代人也必須將蘋果分成 3 等分。畢達哥拉斯甚至認為有理數統治著宇宙，每一個重要的量應該都可用有理數來表達。

實數

無理數的出現讓畢達哥拉斯的夢想破滅。畢氏發現並不是每一個量都可用有理數來表達，不是有理數的數叫做**無理數** (irrational number)。例如，2 的平方根就不是有理數。也就是說，不存在有理數，其平方為 2。因此，我們必須發明這樣的一個新數。這個新數可以用有理數來逼近，也就是可以找到一列有理數，它們的平方可以跟 2 任意靠近。在 19 世紀，數學家認識到圓周率 π，即圓周與直徑的比值，也不是有理數。當然，這個比值可以用有理數來逼近。透過逼近法，我們可以造出所有的無理數。康拓在 19 世紀末證明了無理數有很多：它們甚至比有理數還要更多。所有的有理數與無理數合起來，叫做**實數系**，記為

$$\mathbb{R} = \{\,有理數\,\} \cup \{\,無理數\,\}$$

代數數

一個實數若為某個整係數多項方程式的根，就叫做代數數 (algebraic numbers)。例如，$\sqrt{2}$ 是代數數，因為它是方程式 $x^2 = 2$ 的根。一個實數若不是代數數，就叫做**超越數** (transcendental numbers)。代數數是可數的，但超越數是不可數的。

複數

任何實數的平方皆是非負的。這表示在實數中，我們找不到滿足方程

式 $x^2 + 1 = 0$（即 $x^2 = -1$）的數 x。因此，我們必須發明一個新數，就像發明負數是用來讓像 $x + 1 = 0$ 的方程式有解答。在 16 世紀引入「虛數 i」 來表示 $x^2 = -1$ 的解答 「i 是 " 虛構的 (imaginary)" 的開頭字母」。一旦有了 i，它就可以跟實數相結合，即乘以實數再加實數得到 $a + bi$，叫做 「複數」，其中 a 叫做實部，b 叫做虛部。 例如複數 $3 + 2i$ 的實部為 3，虛部為 2。所有複數全體叫做複數系，記為

$$\mathbb{C} = \{a + bi \mid a, b \in \mathbb{R}\}$$

當虛部等於 0 時， 複數就變成實數，所以實數是複數的特例，即 $\mathbb{R} \subset \mathbb{C}$。高斯在他的博士論文中證明了

代數學根本定理：任何次數大於等於 1 的複係數多項方程式，在複數系中，至少存在有一根。

因此，從尋求方程式的解答來看，數系的延拓到達複數系已經完善，沒有必要再進一步擴展數的王國，我們稱 $\mathbb{C}$ 具有代數的封閉性。

注意到，代數學根本定理是存在性定理，而不是唯 n 性定理，許多人都沒有分辨清楚。事實上，前者才是真正的困難，後者只是因式定理與代數學根本定理的簡單推論。（註：n 是多項式的次數）

附錄 C：本書提到的詩的機制

下面術語的定義是本書中提到的詩設計，按本書論題的順序來給出標題，以及它們對讀者的影響與它們產生美的方式。

句首重複法 (Anaphora)

在詩句的開頭重複相同字詞；這是詩重複的一個特例，即一個表達式在整首詩中重複出現。如同許多詩的設計一樣，這會在外部表達與基本內容之間產生一個間隙：重複可以隱藏變化。在一首詩中每一次返回到這個表達式時，它的意思都略有不同，這是為了累積效果。若在句尾重複，則稱為句尾重複法 (epiphora)。

交錯配置 (Chiasmus)

交叉穿越的意思。這個詞起源於希臘字母的 χ，讀作 "chi"（平行於 X）。交錯配置交換了地點或角色，例如「他在早晨醒過來，但早晨無法在他之中醒過來。(He wakes in the morning, but morning doesn't wake in him.)」

❧ 譯者補充 ❧

英國作家蕭伯納說：黃金法則就是沒有黃金法則 (The golden rule is that there are no golden rules.)。有人評論德國總理梅克爾說：她的魅力就在於她缺乏魅力。哲學家與邏輯家羅素喜歡引用的話：

> What is matter? Never mind!
> What is mind? No matter!

濃縮 (Compression)

用一個符號表達許多想法。濃縮本身不是只有一種機制，而是可能以多種方式產生效用，包括隱喻，一語雙關、多義或一張圖含有許多訊息。這是詩的一個非常傑出的特質，有時被用來當作詩的一部分定義。詩與笑話類似，都是簡潔地傳遞訊息。詩的德國字是 "Dichtung"，就是意指「濃縮」。

譯者註

「詩」這個字的構造是「寸土言」，表示用最少的字表達最多的情感。這跟德文的 "Dichtung" 異曲同工，直指「精簡濃縮」。

奇思妙想 (Conceit)

這是一種世故精巧的隱喻，其中喻體 (tenor) 與喻依 (vehicle) 之間的距離很大 （見下面的 「隱喻」）。 這個字詞起源於拉丁語的 「概念」 (concept)。它的發明是用來描述隱喻的類型，由 17 世紀英格蘭詩人發起的詩的運動所採用，他們被對手稱為「形而上學詩人」。

轉移作用 (Displacement)

把焦點放在詩的一個要素上，而真正的信息卻出現在它的邊緣。也就是轉移作用強調一個不太重要的因素，以便順便傳送重要的信息。佛洛伊德在研究夢時發現了這種機制，它也在日常的使用中。例如，像「很……」這樣的放大詞經常用來轉移，將句子從主要信息的壓力轉移到要放大的字詞。

誇飾 (Hyperbole)

這是指誇大其辭。這個字在希臘文的意思是「擲得太遠」。例如：「我會為巧克力而死」。誇張就像其它詩歌的設計一樣，會產生分離。然而，跟其它機制不同的是，這種減少或使用間接敘述的方式，透過把意念的距離拉遠來達到分離的效果。當事物被誇大並承擔起超人的尺度時，我們並不是直接感知它，而是它好像來自另一個世界。

隱喻 (Metaphor)

這個字來自希臘文，原意是「轉移」，「從另一個地方轉移過來」。它使用通常熟悉的模式，稱為「喻依」(vehicle)，來描述（通常）不太熟悉的模式，稱為「喻體」(tenor)。有時，在明喻中使用「好像」或「如同」等詞，例如歌曲中的「我的愛人像一隻年輕的公鹿」，以及不使用這些詞的隱喻，例如「你的眼睛是鴿子」或「世界是一個舞臺」。其實，明喻 (simile) 和隱喻的區別很小。隱喻是詩最普遍的設計，跟詩的關係最密切。它的力量在於它的雙重任務：傳遞訊息與隱藏訊息。它同時是一種高效的傳達意念的方式，而且以間接的方式來做。

矛盾修飾法 (Oxymoron)

希臘語中的「愚蠢的智者」。在相同的表達方式中，如「暗夜如白天晴朗」，或「沉默在我的內心尖叫」。外部的矛盾通常掩蓋了內在的真相。

～≫≫≫ 譯者註 ≪≪≪～

舉更多例子：「默默無語」 只是平凡 (ordinary)，「沉默之聲」 (the sound of silence)，「無言之歌」，「述說於無言」 (speak in silence)，這些才是較深刻 (profound)。「望南看北斗」，「寫作是一種甜蜜的痛苦」，「無言的證明」 (proof without words) 也都具有超脫習慣之路的奇妙。

韻律與節奏 (Rhyme and meter)

韻律與節奏跟許多詩的機制一樣，轉向外在的字詞，以便將讀者的注意力轉移到內在的意義上，從而使其能夠被潛意識傳遞。在這方面，韻律與節奏接近於詩的重複機制（見「句首重複法」）。

一語雙敘法 (Syllepsis)

將兩個不相關的意念聯結在一起，這些意念通常屬於不同的領域。這是拈連 (zeugma) 的一個特例，它結合了兩件可能相關也可能不相關的東西，比如「我吃了沙拉和煎蛋」，「哭泣的眼睛和心」。

迴轉 (Turnaround)

迴轉是一種情節逆轉 (twist)，將先前的事物，以新的光芒來照耀一切。情節逆轉通常出現在詩的結尾。它以無意識來啟動壓縮（見上述）：在迴轉的那一瞬間，讀者必須立即吸收許多先前出現事物的意義，並且必須突然重新給予解釋。由於不可能一下子吸收太多，所以很大一部分的吸收是透過潛意識來完成。

譯者補充

莎士比亞的名言：

> 如果你能洞穿時間的種子
> 知道哪一粒會發芽，哪一粒不會
> 那麼請你告訴我吧…
> If you can look into the seeds of time
> And say which grain will grow and which will not
> Speak then to me...

> 清泉自高岩上留下來
> 涓涓流向大海，那傾帆
> 覆舟的大海卻對她說：
> 「妳，哭啼者，妳來幹什麼？
> 該知道，我是風暴和恐怖，
> 澎湃擴展一直到天涯海角；
> 我又何所需求於妳呢？
> 妳微弱得可憐，我浩瀚。」

> 面對苦海深淵，清泉回答：
> 「你是大海，我願無聲給你
> 帶來一點你所沒有的：
> 幾口可以解渴的淨水。」

鸚鵡螺數學叢書介紹

數學拾穗

蔡聰明／著

本書收集蔡聰明教授近幾年來在《數學傳播》與《科學月刊》上所寫的文章,再加上一些沒有發表的,經過整理就成了本書。全書分成三部分:算術與代數、數學家的事蹟、歐氏幾何學。最長的是第 11 章〈從畢氏學派的夢想到歐氏幾何的誕生〉,嘗試要一窺幾何學如何在古希臘理性文明的土壤中醞釀到誕生。最不一樣的是第 9 章〈音樂與數學〉,也是從古希臘的畢氏音律談起,把音樂與數學結合在一起,所涉及的數學從簡單的算術到高深一點的微積分。其它的篇章都圍繞著中學的數學核心主題,特別著重在數學的精神與思考方法的呈現。